白茶新韵

李建国 / 著

NEW LEGEND OF WHITE TEA

文化发展出版社
Cultural Development Press

图书在版编目(CIP)数据

白茶新语/李建国著. —北京：文化发展出版社，2018.9（2022.9重印）

ISBN 978-7-5142-2099-5

Ⅰ．①白… Ⅱ．①李… Ⅲ．①茶文化－福鼎 Ⅳ.①TS971.21

中国版本图书馆CIP数据核字(2018)第203636号

白茶新语

李建国　著

出 版 人：武　赫
责任编辑：肖贵平
责任校对：岳智勇
责任印制：杨　骏
摄　　影：李建国　谢鸣晖　赖见水　刘建平
美术指导：李琦琛
封面设计：YUKI工作室
排版设计：辰征 · 文化

出版发行：文化发展出版社（北京市翠微路2号　邮编：100036）
网　　址：www.wenhuafazhan.com
经　　销：各地新华书店
印　　刷：北京宝隆世纪印刷有限公司
开　　本：710mm×1000mm　1/16
字　　数：220千字
印　　张：17
版　　次：2019年1月第1版
印　　次：2022年9月第5次印刷
定　　价：88.00元
ISBN：978-7-5142-2099-5

◆如发现任何质量问题请与我社发行部联系。发行部电话：010-88275710

　　李建国先生第一次联系我，请我修改他的新书《白茶新语》中《白茶的成分》和《健康饮茶》两章内容，感到十分有压力，因为我自己也是这几年才开始学习和研究白茶，尤其是福鼎市茶业发展领导小组常务副组长陈兴华先生和浙江大学茶学系合作成立白茶研究中心后，一起努力加快对白茶研究的步伐，不仅开始投入较多时间进行功效研究，还花力量宣传科学饮用白茶，2018年双方一起组织了国际会议，讨论白茶对治疗糖尿病的作用，进行了白茶大使遴选等一系列工作。目前本实验室关于白茶对呼吸道相关疾病的预防也取得了较好的成果。

　　白茶作为茶叶中的新贵，年销售量从不足1万吨上升到了现在的2万多吨。每年以30%的速度增长。无论男女老少，大家都容易接受白茶的口感，但是怎样科学地饮用白茶，读懂白茶，相对于其他茶类来说，白茶的专业图书还是较少。李建国先生花费了大量的时间和精力，跑遍了白茶产地的山山水水，走访了大量白茶的传承人，阅读了许多关于白茶的论文和图书。经过自己反复地体验及和茶友间的交流，总结出许多通俗易懂的白茶知识。尤其对于消费者比较难以理解的问题如白茶加工、科学选茶和冲泡技术，介绍得十分清楚，既有科学原理，又有实践知识，内容深入浅出。这种知行合一的学习态度，为《白茶新语》这本书积累了丰富的第一手资料和可贵的体验。

　　本书白茶专业知识较全面、通俗易懂，章节编排科学合理，内容循序渐进、图文并茂。认真读来，如醇厚的白茶一样甜美有内涵，受益匪浅。《白茶新语》是一本很好的白茶教材，值得茶友收藏和推广。

浙江大学茶学系系主任　教授

全国第七届优秀科技工作者

第三届优秀茶叶科技工作者

2018.11.4 于浙江大学

怀中正之心　喝朴素之茶

　　白茶源远流长，古籍中多有记载，在现代，关于白茶的书籍和文章也层出不穷，每个时代的白茶都有深刻的时代烙印。笔者总结近十万次的白茶品鉴经验，参阅四十多部书籍和文献，想把白茶从古到今的真实情况呈现给大家，力争在传统白茶文献基础上让大家对当代的白茶有更多、更全面的了解，同时对白茶的新现象有正确的认知，于是就有了这本《白茶新语》。希望借这本书能够传承白茶传统文化，激发茶界同人探索新时代白茶制作、品饮等方面的热情，把白茶的产业水平提升到一个新高度。

　　笔者经营并收藏白茶已七年有余，对于白茶的热爱与日俱增，学习制作白茶，学习冲泡白茶，总结白茶转化规律，与数以万计的茶友交流白茶，通过近千小时的讲课来不断突破自己，感悟白茶质朴无华的哲学精神，对白茶越了解，就越想与茶友分享白茶，我想通过这本书平心静气、推心置腹地与茶友谈谈。因为不知从何时起，我们选择、品饮白茶时掺杂了太多的东西，喝茶已经不再是单纯的喝茶。我们过多地关心白茶的年份、过多地关心制作白茶的人、过多地关心白茶的价格，而对于白茶本身反而关注太少。我想通过这本书让我挚爱的茶友重新找回喝茶的中正之心，喝一泡朴素的白茶，喝一泡好喝的白茶。在喝这泡白茶的时候，用心感受茶汤带给你的一切，摈弃炫耀虚荣之心、卸下技术鉴别包袱、忘却生活烦恼，因为白茶用生命施舍给我们的一切都在茶汤之中，而不在茶汤之外，除此之外，白茶一无所有。

NEW
LEGEND
OF
WHITE TEA

目录

New Legend of White Tea

白茶概况

第一章

有人形容白茶是『千年的孤独，迎来一世的繁华』，

我言白茶是穿越几千年历史从远古走来的少女，

表里昭澈，天然质朴，美得不可方物，怡人情思，

赐人健康，世间纵有百媚千红，唯有她让人见之忘俗。

根据中国茶叶学术界多数学者的意见,中国茶叶分为基本茶类和再加工茶类两大部分。所谓基本茶类,是以茶鲜叶为原料,经过不同的制造(加工)过程形成的不同品质成品茶的类别,包括绿茶、白茶、黄茶、乌龙茶(也称青茶)、黑茶和红茶。所谓再加工茶类,是以基本茶类的茶叶为原料,经过不同的再加工而形成的茶叶产品类别,包括花茶、香料茶、紧压茶、萃取茶、果味茶、药用保健茶和含茶饮料(《中国茶经》,2011)。本书系统介绍了六大基本茶类中的白茶和白茶再加工茶内容。

第一节 | 白茶概括

从唐代到现在,人们对白茶多有论述,总的来讲,这些论述中的白茶可以分为三类:第一类是芽叶因白化变异导致叶绿素缺失而呈白色的白茶(也称黄叶茶、白叶茶、白化茶),其特点是鲜叶呈白色而干茶见不到白色,一般采用绿茶或非白茶类工艺制作,典型的茶有安吉白茶、白鸡冠等。王开荣著《珍稀白茶》,专门论述这类白化变异的茶树,指出"黄化茶(白化茶)品种或种质是指因遗传因素或外界因素影响,导致体内叶绿素合成受阻而含量减少、芽叶色泽趋向白色的茶树";第二类是因芽叶满披茸毫显白色而称为白茶的树种,其特点是干茶的白色比新鲜芽叶更加醒目,典型的茶树有福鼎大白、福安大白、政和大白等;第三类是六大基本茶类中按照白茶加工工艺生产的白茶类。本书中所提白茶即为第三类,陈橼教授提出"以茶多酚氧化程度为序,以酶学为基础"的六大茶类分类方法,茶多酚的氧化程度是决定六大茶类类别的关键因素。白茶因采用显毫的茶树品种为原料，制法独特，不炒不揉，白茶的代表白毫银针的外表满披白毫呈白色，故称"白茶"。为了让大家对三种白茶区分得更清晰，我们结合历史资料细致分析一下。

白鸡冠（芽叶白化变异的白化茶）

白毫银针（六大基本茶类中的白茶）

福鼎大白茶（芽叶满披茸毫显白色而称为白茶的树种）

陆羽在《茶经·七之事》的《永嘉图经》中所记:"永嘉县东三百里有白茶山。"这是迄今发现的关于白茶的最早记载,因为没有详细的记录,从文献角度表述的重点是原料,同时唐代时还没有白茶生产工艺的诞生,所以可以推测陆羽在《茶经》中所提"白茶"树种应该为白化变异的白叶茶或芽叶满披茸毫而称为白茶的树种,由于工艺所限,生产出的成品茶应为蒸青绿茶。

宋徽宗的《大观茶论》中记载:"白茶自为一种,与常茶不同。其条敷阐,其叶莹薄。崖林之间偶然生出,盖非人力所可致。正焙之有者不过四五家,生者不过一二株,所造止于二三铸而已。芽英不多,尤难蒸焙,汤火一失,则已变而为常品。须制造精微,运度得宜,则表里昭澈,如玉之在璞,他无与伦也,浅焙亦有之,但品格不及。"《大观茶论》中明确提出了"蒸焙"的工艺,这不是白茶的工艺,考虑到宋代制作蒸青绿茶的龙团凤饼为贡茶,所以宋徽宗所推崇的"白茶"实际上应该为蒸青绿茶,原料应该为白化变异的白叶茶或芽叶满披茸毫而称为白茶的树种。

明代田艺蘅所书的《煮泉小品》记载:"芽茶以火作者为次,生晒者为上,亦更近自然,且断烟气耳,况作人器不洁,火候失宜,皆能损其香色也。生晒茶沦于瓯中,则旗枪舒畅,清翠鲜明,尤为可爱。"意思是说:把鲜叶直接在日光下晒干,比用火烘干品质好,而且更接近自然的品质状态,不但没有烟火气味,也能避免因人手和器具不干净以及制茶火候不适宜而影响茶叶的香气和色泽。把生晒的茶叶煮于茶杯之中,芽叶舒展,清翠鲜明,深受人们喜爱(杨文辉,1985)。其中"生晒者为上,亦更近自然"就是白茶以萎凋为主的加工方法,所以田艺蘅在《煮泉小品》中所提的"白茶"才是六大基本茶类中的白茶。同时,这也是认同度较高的关于白茶最早的记录。

第二节 | 白茶起源

▲ 一 古代白茶

据《神农本草经》记载："神农尝百草，日遇七十二毒，得茶而解之（'荼'即我们现在的'茶'）。"这是中国历史上关于茶最早的记载。众所周知，神农氏是中国原始社会时期的部落首领，他被称为中华民族的农业之祖、医药之祖、商贸之祖、音乐之祖等，对华夏文明有着不可磨灭的巨大贡献。有人说神农氏发现茶叶只是神话或者传说，对于上古时代的考古和相关的记载却证实了神农氏时期相关文明的存在，更为可能的是在神农氏时期诞生了农业、医药、商贸、历法、音乐等相关文明，而人们更愿意将其归为同时期的代表人物，所以茶叶被发现并加以运用，起源于上古时期的神农氏时期是较为合理的。

对于上古神农氏时期的茶叶是什么茶类的问题众说纷纭。有学者认为，神

神农氏

现代白茶

农尝百草日遇七十二毒，最后是从茶树上摘下鲜叶咀嚼而解毒。在不断的农耕生活中古人逐渐认识了茶的药用价值，采下茶树上的鲜叶自然晾干，收存茶叶，这是植物类中药的制作过程，同时也应该是古人最早使用茶叶的方式，和今天白茶自然萎凋、不炒不揉的制作工艺相似，中国茶叶生产历史上最早的茶叶应该是白茶。湖南农业大学杨文辉教授认为，"由于茶叶生长的季节性局限，为使全年都能喝上优质茶叶而采集鲜叶晒干收藏，这便是茶叶制造的开端"，据此，他认为"……我国最先发明的不是绿茶，而是白茶"。

综上所述，最早的茶叶制作方式与现在的白茶类似，白茶是最古老的茶类，也是药食同源的典范，白茶制作工艺是茶叶制作的鼻祖，堪称"茶叶活化石"。

● 二 现代白茶

古代白茶没有严格的工艺要求，也没有自成体系，将其称为白茶产生的雏形更为准确，而制法和品质更加系统的白茶是现代白茶。有关现代白茶发源地的说法争论颇多，认同度较高的说法是现代白茶起源于福建建阳。白茶最早是在清朝乾隆三十七年至四十七年 (1772～1782年)，由肖乌奴的高祖创制的 (林今团，1999)。当时是以当地菜茶幼嫩芽叶采制而成的，史称"南坑白"，"南坑白"属于贡眉的级别。清嘉庆初年 (1796)，福鼎用菜茶 (有性群体) 的壮芽为原料，创制银针白毫。约在1857年，福鼎大白茶品种茶树在福鼎县选育繁殖成功，于是1885年起改用福鼎大白茶品种茶树的壮芽为原料，菜茶因茶芽细小，已不再采用。政和县1880年选育繁育政和大白茶品种茶树，1889年开始产制银针 (《中国茶经》，2011)。

第三节 | 白茶树种

　　适制白茶的茶树种类很多，但要制作传统意义上的白茶，要求选用茸毛多、白毫显露、氨基酸等含氮化合物含量高的茶树，这样的茶树制出的茶叶才能外表满披白毫，有毫香、滋味鲜爽。白茶最早是采摘菜茶鲜叶制作，之后才用水仙、福鼎大白、政和大白、福鼎大毫、福安大白、福云6号等茶树品种来制作。

▸ 一 菜茶

　　菜茶，在白茶产区也称为小茶、土茶，是指用种子繁殖的茶树群体，属于灌木，产生的历史久远，栽培历史约有1000余年，因为老百姓将其种在房前屋后的茶园里，就像田园里的菜一样司空见惯，所以被称作"菜茶"。由于长期用种子繁殖，加上自然变异的结果，因而性状混杂。

菜茶整株形态
（2018 年 4 月 1 日摄于建阳）

菜茶叶片
（2018 年 4 月 1 日摄于建阳）

　　菜茶栽种与制茶的历史久远，是我国茶叶史上的基因宝库，从中培育出众多的国家级与地方级良种。由于菜茶采用有性繁殖的方法种植，所以茶树的品质表现不稳定，在栽培与制作名优茶类上逐渐被各种无性繁殖的良种茶树所取代，所以采用菜茶制作的白茶越来越少。菜茶由于茶芽较为瘦弱，一般用来制作贡眉、寿眉品种，少部分用来制作白牡丹，制作出的白茶芽毫不够明显，毫香较弱，但甜爽度高，回甘明显。菜茶由于不宜制作白毫银针，且产量较低，经济效益不高，所以白茶产区的茶树数量逐年减少，逐渐被芽头肥壮的大白品种所取代。

福鼎大白整株形态
（2018 年 4 月 2 日摄于福鼎）

福鼎大白叶片
（2018 年 4 月 2 日摄于福鼎）

二 福鼎大白茶

　　福鼎大白茶又名福鼎白毫，无性繁殖系，小乔木型、中叶类、早生种，也就是我们所说的"华茶1号"，在所有白茶产区均有种植。原产于福建福鼎太姥山，1857年由柏柳乡陈焕移植家中繁殖成功，在今后的100多年中被广泛种植于白茶的各个产区。1985年全国农作物品种审定委员会将其认定为国家良种，编号GSl3001-1985。福鼎大白茶品质优异，是全国推广面积最大的品种，并且在全国各个产区都表现出了良好的适应性。《中国茶树品种志》更是把福鼎大白茶列在了77个国家审定品种的第一位。因为在国家级茶树品种与省级认定的品种中，有25种茶树是以福鼎大白茶作为父本或母本进行繁育的，如福云系列、浙农系列、福丰和茗丰系列等，这足以说明福鼎大白茶具有优良的基因。20世纪60年代后，福建、浙江、湖南、贵州、四川、江西、广西、湖北、安徽和江苏等省、自治区曾大面积栽培福鼎大白茶。

福鼎大白茶芽头肥壮，满披白毫，内含物质丰富，制成白茶品质极佳，以茸毛多而洁白、色绿、汤鲜为特色。

主要产地：福鼎。

▲ 三 福鼎大毫茶

福鼎大毫茶简称大毫，无性系、小乔木型、大叶类、早生种，也就是我们所说的"华茶2号"。1880年，由福建福鼎点头镇的汪家洋村茶农们选育栽培成功。1985年全国农作物品种审定委员会将其认定为国家品种，编号GS13002-1985。主要分布在福建茶区，20世纪70年代后，江苏、浙江、四川、江西、湖北、安徽等省有大面积栽培，由于品质优异，被作为父本或母本繁育出诸多国家级和省级良种茶树。福鼎大毫茶茸毛晶莹雪白，其茸毛含量可占茶叶干重的10%以上，如此多的白毫披覆整齐有序，使白茶呈现银光闪烁的外形色泽，非常适合制作白茶，在广大白茶产区的种植面积逐年增加。福鼎大毫所制白茶芽头肥壮、满披白毫、色白如银、毫香明显、滋味醇和甜爽，是制作白毫银针、白牡丹的理想树种。福鼎大毫也适合制作绿茶、红茶、茉莉花茶等茶类。

主要产地：福鼎。

福鼎大毫整株形态
（2018 年 4 月 2 日摄于福鼎）

福鼎大毫叶片
（2018 年 4 月 2 日摄于福鼎）

四 福安大白茶

福安大白茶又名高岭大白茶，无性系、小乔木型、大叶类、早生种。1985年全国农作物品种审定委员会将其认定为国家良种，编号GS13003-1985。原产福建省福安市康厝乡，主要分布在福建东部、北部茶区。广西、安徽、湖南、湖北、贵州、浙江、江西、江苏、四川等省、自治区也有栽培。由于品种优异，被广泛用来制作红茶、绿茶，所制白茶虽颜色稍暗，但芽头肥壮、味道清甜、香清汤厚。

主要产地：福安、政和、松溪。

福安大白茶整株形态
（2018 年 6 月 26 日摄于政和）

福安大白茶叶片
（2018 年 6 月 26 日摄于政和）

五 政和大白茶

　　政和大白茶又称政大，小乔木型、大叶类、植株高大、晚生种。原产于政和县铁山乡高仓头山。据传说，在清光绪五年（1879年）由铁山人魏春生将此茶树移至家中种植，后园墙倒，无意压条数十株，逐渐繁殖推广。1972年，被定为中国茶树良种。1985年全国农作物品种审定委员会将其认定为国家良种，编号GS13005-1985。由于品种优异，被广泛用来制作红茶、绿茶、茉莉花茶，所制白茶颜色较深，以芽头肥壮、味道清鲜、香清汤厚最为特色，所制白毫银针颜色银灰，香气清鲜，滋味清甜，醇厚回甘。近年随着福安大白、福鼎大毫品种的栽种面积逐年扩大，政和大白的种植面积在不断减少。

　　主要产地：政和、松溪。

政和大白整株形态
（2018 年 4 月 10 日摄于政和）

政和大白叶片
（2018 年 4 月 10 日摄于政和）

♦ 六 水仙茶

水仙茶又名水吉水仙或武夷水仙。无性繁殖系、小乔木型、大叶类。1985年全国农作物品种审定委员会将其认定为国家良种，编号GSl3009-1985。原产于福建省建阳县（现改为建阳区）小湖乡大湖村。栽培历史100余年，由于品质优异，在福建各茶区普遍栽种，尤其是闽北、闽南茶区为多，主要分布在建瓯、建阳、武夷山、永春、漳平等地，被广泛制作成各种茶类。自从水仙品种被发现，其鲜叶被大量用来加工白茶，因其芽肥壮、香浓郁、味醇厚而广受欢迎。水仙最适制乌龙茶，尤其福建漳平制作的水仙乌龙茶极具特色，它采用了紧压的茶叶外形。水仙所制白茶品质优异，一般用来制作白牡丹、贡眉品种，成茶颜色较深，若工艺控制不好易红变。品质优异的水仙白茶香气馥郁，有清幽花香或果香，甜爽醇厚，回甘明显，耐泡度好，特色显著。

主要产地：建阳。

水仙茶树整株形态
（2018 年 4 月 1 日摄于建阳）

水仙茶树叶片
（2018 年 4 月 1 日摄于建阳）

福云 6 号整株形态（2018 年 4 月 2 日摄于福鼎）

福云 6 号叶片（2018 年 4 月 2 日摄于福鼎）

七 福云6号茶

福云6号为无性繁殖系、小乔木型、大叶类、特早生种。由福建省农科院茶叶研究所于1957~1971年从福鼎大白茶与云南大叶种自然杂交后代中采用单株育种法培育而成。1985年，通过福建省农作物品种审定委员会审定；1987年，通过国家农作物品种审定委员会审定，品种审定编号为GS13033-1987。全国主要产茶区均有分布。福云6号由于品种优异，被广泛用来制作绿茶、红茶，所制白茶较少，制成的白茶外形细长，色泽好，白毫显露，滋味甜爽，但香气稍差。

主要产地：福安、政和。

八 其他品种

云南景谷使用景谷大白为原料生产白茶已有悠久历史，所制白茶叫"月光白"，极具特色，有浓郁的毫香蜜韵，存放后有的可以转化出梅子的味道，受到许多茶友的青睐。同时，随着白茶在国内不断兴起，一些茶区也开始尝试用生产乌龙茶的品种和一些新品种来加工白茶，有些品种所制白茶品质优异：用各种适制乌龙的品种加工出来的白茶花香明显，滋味浓厚，有独特韵味；以福云595制成的白茶品质独特，虽然茶芽偏小，但是入口甜爽，回甘明显，内含物质较为丰富；以梅占品种制作的白茶虽然颜色较深，但花香显著，很有特色；浙江茶区茶农使用白叶1号晒制的安吉老白茶因为富含氨基酸口感鲜爽，甜度明显，有独特香气，叶底玲珑剔透，特点明显；陕西的西乡县使用当地高山茶树所产的西乡白茶入口甜爽，回甘明显，品质优异，只是产量太小。

这些新的优良茶树品种制作的白茶各有特色，使白茶出现了百花齐放的繁荣局面，进一步推动了白茶生产全国化的速度，也为茶友提供了更广阔的选择空间，但由于这些非传统白茶产区生产白茶时间较短，经验不足，白茶的生产工艺水平有待进一步提高。

福鼎大白与福鼎大毫的关系

福鼎大白和福鼎大毫是制作福鼎白茶的主要原料，两种茶都是国家级良种，我们俗称为"华茶1号"和"华茶2号,"这两种茶综合品质高，适制各种茶类，广泛栽种在全国各茶区，且都有很好的表现。这两种茶都密披白毫，富含氨基酸，但外形、口感和内含物质都有所区别：外形方面，福鼎大毫较福鼎大白芽头更肥壮，茸毫更显，福鼎大白的芽叶重量一芽三叶百芽重63克，福鼎大毫一芽三叶百芽重104克，亩产相差很大；口感方面，福鼎大白内含物质的比例更好，口感更甜爽，涩度更低；内含物质方面，福鼎大白春茶一芽二叶干样约含氨基酸4.3%、茶多酚16.2%、儿茶素总量11.4%、咖啡因4.4%，福鼎大毫春茶一芽二叶干样约含氨基酸3.5%、茶多酚25.7%、儿茶素总量18.4%、咖啡因4.3%。

福鼎大白和福鼎大毫两种茶的品质相差不大，但产量差异比较大，因此，福鼎茶农更喜欢种植福鼎大毫。

福鼎太姥山云海

宁静的茶园

白茶分类

从来佳茗似佳人，白茶丰富的品类虽同根同源，但如不同类型的美女展现出不同的个性之美，鲜活而生动，各领风骚，争奇斗艳，让白茶变得丰富而多彩。

白茶品类丰富，白毫银针、白牡丹、贡眉、寿眉都属于传统六大基本茶类的白茶，利用传统白茶制作的金花白茶或紧压茶类为再加工白茶，各个品种品质不同，是我们认识白茶的基础。

第一节 | 传统白茶

◈ 一 白毫银针

白毫银针是白茶的代表品种，色、香、味、形俱佳，采用肥壮单芽制作而成，以头轮采摘茶芽制作品质最佳，制作一斤白毫银针大概需要20000个左右的茶芽，所以白毫银针产量有限，极其珍贵。白毫银针茶如其名，芽头肥壮，身骨重实，满披白毫，如银似雪，素有"茶中美女"之美称。沏泡后茶叶根根直立，如群笋出土，如刀枪林立，杯光水色、浑然一体，滋味淡雅醇香，毫香幽显，具有极高的观赏、品饮价值。白毫银针旧时也被称作银针白毫，主要产于福鼎、政和两地。产于福鼎的银针称"北路银针"；产于政和的银针称"南路银针"。

白毫银针干茶

冲泡后的白毫银针

何为"太姥银针"

根据国家相关标准，白毫银针分为特级和一级两个等级。我们在市场上会看到有些银针被称为"太姥银针"，以标榜其品质优异，这是商品名称，不属于国家标准分类。

♦ 二 白牡丹

　　白牡丹采用一芽一叶、一芽二叶制作,因两叶抱一芽,绿叶夹银白色芽心,宛如牡丹蓓蕾初放,故得白牡丹之美名。白牡丹较白毫银针的内含物质更为丰富,咖啡因和氨基酸含量很高,成茶毫香明显,汤色杏黄明亮,滋味入口甜爽,回甘明显,耐泡度高,是白茶中性价比较高的品类。适制白牡丹的品种较为丰富,用大白品种制作的白牡丹芽头肥壮,毫香明显;用菜茶制作的白牡丹芽头较瘦弱,但口感甜爽回甘;用水仙制作的白牡丹花香显著,口感醇厚,也极具特色。白牡丹具有清凉降暑、解毒清热的功效。

白牡丹干茶

沏泡后的白牡丹

"牡丹王"之美

　　白牡丹分为特级、一级、二级和三级。近年在白茶市场中大家经常提起"牡丹王"，但国家相关标准分类中没有"牡丹王"的等级，所以"牡丹王"属于商品名称。在特级白牡丹中有些白牡丹的原料标准要高于国家标准，为了突出其品质优异性就美其名曰"牡丹王"，类似于铁观音的"观音王"称呼。牡丹王，顾名思义，是白牡丹中的最优者，一般用一芽一叶初展（叶身部分离开芽头，边缘内折，叶低于芽）、一芽一叶（整个叶身已与芽头分离，叶缘尚未展开，叶大于芽）制成。牡丹王成茶芽头肥壮，满披白毫，毫香显著，汤色杏黄明亮，汤中多茸毛，香气高扬，滋味清甜醇和，耐泡度高，回甘明显，有白毫银针的毫香，但较白毫银针更为甜爽醇厚。叶底浅绿明亮，芽叶连枝，令人赏心悦目，是色、香、味、形俱佳的品类。

牡丹王干茶

沏泡后的牡丹王

🌢 三 贡眉

　　贡眉特指采用一芽二三叶嫩梢制成的白茶。贡眉茶有明显毫心，叶张稍肥嫩，芽叶连枝，叶张微卷，颜色灰绿或墨绿，内质丰富，入口甜爽，汤色浅黄明亮，耐泡度好，经长期存放香气丰富，口感顺滑，甜爽醇厚，宜泡宜煮，常常有枣香、桂花香等迷人香气。特级贡眉与二级、三级白牡丹的原料较为接近，在分类上常出现混淆。

贡眉干茶

冲泡后的贡眉叶底

贡眉的困惑

众多茶友经常对许多白茶书中介绍的贡眉与现实中接触的贡眉感到困惑，这也是笔者在讲课中茶友们提出较多的热点问题。国家标准的贡眉和寿眉是清晰分开的，但在企业和市场推广中的贡眉和寿眉较为混乱。要想找到这个问题的答案，我们需要了解传统贡眉、国家标准的贡眉及现在市场销售贡眉三个概念。传统贡眉是用菜茶制作的白茶，创制于福建建阳漳墩南坑，也被称为"南坑白"或"小白"，张天福讲白茶生产历史"先有小白，后有大白，再有水仙白"，其中的"小白"其实就是我们所说的传统"贡眉"。传统贡眉取一芽一叶或一芽二叶制成，原料是头春的第一茬原料，不是采用制作完白毫银针和白牡丹之后的原料制作，所以成茶皆含茶芽，外形娇美，物质丰富，甜爽耐泡。传统贡眉有两个重要的约束条件：一、制作的品种是菜茶；二、原料是头春的第一茬原料，不是采用制作完白毫银针和白牡丹之后的原料。国家标准GB/T22291-2017《白茶》中对贡眉的定义为："贡眉（gòng méi）：以群体种茶树品种的嫩梢为原料，经萎凋、干燥、捡剔等特定工艺过程制成的白茶产品。"可见，国家标准的贡眉与传统贡眉是一样的。现在市场上销售的贡眉大多是因为随着商品经济的发展，采摘和制作要实现经济利益的最大化，在白毫银针和白牡丹制作结束后，采摘一芽二叶、一芽三叶制作的贡眉，由于采摘期较晚，又在采摘完白毫银针和白牡丹后才采摘，所以品质不如传统贡眉好。各茶树品种都可以用来制作贡眉，但由于菜茶的种植数量越来越少，市场上的贡眉以大白茶树制作的贡眉为主。现在建阳仍然使用菜茶制作贡眉，除建阳外，福鼎、政和也有部分菜茶品种制作的贡眉。

● 四 寿眉

寿眉一般选用一芽三叶、一芽四叶,甚至不带茶芽的粗老叶制成,它是白茶中产量最高的一个品类,口感与银针和白牡丹有较大区别,市场上流通的寿眉原料差距很大,含芽的寿眉经常与贡眉造成认知上的混淆。由于市场推广的需要,要尽量简化分类,贡眉被提到得越来越少,实际上出现了广义的寿眉和狭义的寿眉之分。广义的寿眉包含贡眉,贡眉不再做单独分类,狭义的寿眉则仅指以不含芽的粗老叶片及嫩梗为原料制作的白茶。2018年5月1日颁布实施的GB/T22291—2017《白茶》对贡眉和寿眉有明确的区分,但与市场销售的实际状况相去甚远。寿眉原料含有较多的纤维和半纤维物质,制成当年的寿眉口感粗淡,表现不佳,经过长期存放的老寿眉口感醇厚回甘,枣香明显,宜泡宜煮,由于原料粗老和长期存放,富含黄酮和复合多糖,有明显的抗氧化功效,降血糖和降血脂的功效也非常显著。

寿眉干茶

冲泡后的寿眉叶底

♦ 五 新工艺白茶

新工艺白茶主要是在传统白茶的基础上加了轻微揉捻的环节，经过轻微揉捻，叶片细胞壁受到破坏，使得茶多酚与多酚氧化酶大量结合，发生酶促氧化反应，茶多酚的氧化更加迅速而深刻，使品质与传统白茶有很大的区别，因此被称为新工艺白茶。新工艺白茶是为满足中国香港、澳门地区的消费需要，于1968年由福鼎白琳茶厂研发而成的。创制人王亦森回忆，当时他在福鼎白琳茶厂任技术员，早在1962年开始研制新工艺白茶，直至1968年正式问世。新工艺白茶由于口感良好，受到中国香港、澳门地区人们的欢迎，产量逐年递增，至1993年每年合计生产4000担，创造了白茶出口史上的辉煌。新工艺白茶的成

笔者与新工艺白茶创制人王亦森老先生

茶外形叶张略有皱褶，呈半卷条形，色泽暗绿带褐，香清味浓，汤色橙红，叶底开展，色泽青灰带黄，筋脉带红。庄任在《中国茶经》中这样描述新工艺白茶："茶汤味似绿茶无鲜感，似红茶而无醇感，浓醇清甘是其特色。"同时，庄任把它编入白茶类，写入高校茶学专业教材中。当年制成的新工艺白茶即有良好的口感，无须存放。

荒野茶

近年人为放荒的荒野茶

荒野茶

　　荒野茶是随着白茶的兴起而逐渐兴起的一个概念，与"野生茶"不同，荒野茶是指人工种植后没有管理，或种植过程中断管理，任其自然生长，不添加化肥和农药，类似于有机种植方式生产的茶树。由于没有肥料的添加，荒野茶一般生长较慢，有的高山荒野茶一年只有春季发一次芽，其余季节不发芽，鲜叶中累积了丰富的物质，只是产量太少，发芽的时间也参差不齐，给采摘和制作带来一定难度。陆羽在《茶经》中讲"野者上，园者次"，从茶叶的综合品质来看，荒野茶成茶的口感确实优越于田园茶，荒野茶的成茶色泽嫩绿偏黄，香气馥郁，口感如泉水般甜爽甘冽，回甘持久明显，汤感明显，顺滑醇厚，且持久耐泡，体感明显，叶底嫩黄透明，新茶的口感就给人全方位的享受，存放后口感更佳，是宜饮宜藏的珍品。近几年，随着荒野茶价格的持续上升，荒野茶的概念也变得越来越宽泛，三年荒野茶、五年荒野茶、十几年荒野茶、二十几年荒野茶，虽都是荒野茶，但品质差异巨大，可以肯定的是只要是荒野茶，品质都较田园茶优越，只是优越的程度不同。值得注意的是，荒野茶的茶青品质虽然好，但生产工艺也同样重要，若生产工艺不精湛，成茶口感、香气不好的荒野茶仍然没有饮用和存放的价值。

荒野茶生长状态

第二节 | **白茶再加工茶**

一 金花白茶

金花白茶的诞生可以说是上天的一种恩赐，是无数个偶然造就的。

随着科技与商业的发展，中国茶叶产业已经进入到大融合的阶段，茶叶的良种被广泛种植到新区域，茶叶的生产技术也在不断创新和提高，同时也产生了一些新的茶类，金花白茶就是在这种背景下诞生的。笔者有幸参与了金花白茶最初的研制，完成了金花白茶概念的提炼，开发出系列包装，并与金花白茶的创制人林飞应先生一直致力于金花白茶在全国的推广工作。

金花白茶是以白毫银针、白牡丹、贡眉、寿眉为原料，依次经蒸汽软化、压制成型（或不压制成型）、发花、干燥等工序加工而成的、含有冠突散囊菌的茶

笔者与金花白茶创制人林飞应先生

叶产品。金花白茶有散状金花白茶和紧压金花白茶两种形态，传统白茶经处理后放入"发花车间"进行"发花"，在保持一定的温度和湿度的条件下，经过复杂和严格的发花工艺后，茶叶内部长出了益生菌——冠突散囊菌，也就是我们通常说的"金花"。对于金花的概念我们并不陌生，金花最初出现在黑茶中，属益生菌，学名"冠突散囊菌"（Eurotium cristatum），属于散囊菌目发菌科散囊菌属的一种真菌，是茶叶在特定温湿度条件下，通过"发花"工艺长成的自然益生菌体。

经科学研究，"金花"不但对后发酵茶的品质没有影响，反而能分泌淀粉酶和氧化酶，可催化茶叶中的淀粉转化为单糖，催化多酚类化合物的氧化，使茶叶汤色变红，消除粗青味，在口味上更加醇和爽口，甜滑回甘。金花除助消化、解油腻、顺肠道、减肥外，还具有多重保健的神奇功效，如：软化人体血管、预防心血管疾病、降三高、利尿解毒、降低烟酒毒害、抗氧化、延衰老等。

　　金花（冠突散囊菌）是被中国茶类行业唯一列为国家二级保护机密的菌种，在日本，"金花茶"被称为"瘦身茶"；在韩国，"金花茶"被称为"美容茶"；在东南亚，"金花茶"被称为"苗条健康茶"。

　　由于生产和推广的时间较短，关于金花白茶的保健效果的研究有限，就推广过程中的实际效果而言，金花白茶对肠胃菌群调节有明显功效。

砖形金花白茶

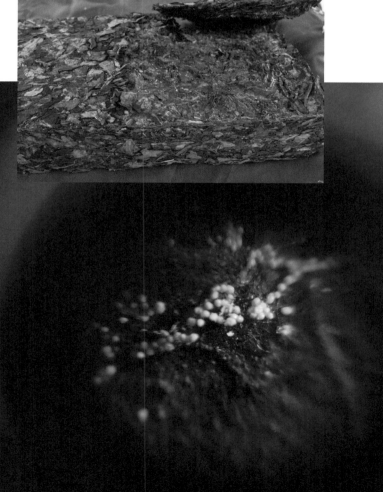

显微镜下的金花白茶

饼形紧压白茶

巧克力形状紧压白茶

♦ 二 白茶紧压茶

　　散白茶经过压制工艺被制作成茶饼、茶砖、茶球等各种形状，就形成了白茶的再加工茶——白茶紧压茶。白茶紧压茶出现的时间较短，主要是仿效普洱茶的压制工艺，为了减轻白茶巨大的库存压力而产生的一种再加工茶类。白茶由于没有揉捻工艺，细胞较为完整，没有茶汁附着在茶叶表面，黏性不强，所以压制工艺较普洱紧压茶的工艺有所区别。白茶紧压茶在2010年前后开始大量出现，压制初期技术不够成熟，出现诸如干度不够、蒸汽熏蒸过度、压制压力过大、干燥温度过高等问题，随着压制工艺的成熟，白茶紧压茶对散茶内在品质的改变越来越小。

白茶产区

第三章

根据《中国茶经·茶产品篇》记载：『白茶主产于福建省的福鼎、政和、松溪和建阳等县，台湾省也有少量生产。』

中国白茶传统产区主要在福建福鼎、政和、建阳、松溪和云南景谷等地，虽然同属白茶类，但由于产地不同，受到当地地理环境的影响，再加上工艺的细微差异，品质有明显差异。随着近年白茶热在全国的兴起，白茶加工工序又相对简单，使得白茶生产范围越来越广，各地都在尝试生产白茶。

第一节 ｜ 福鼎产区

福鼎白茶可谓是家喻户晓的白茶之星，渐渐成为中国白茶公认的代表茶类。福鼎市位于福建省东北部，依山面海，雨量充沛，气候温暖湿润，季节变化明显，土壤深厚肥沃，自然条件优越，适合茶类植物生长。尤其值得一提的是，福鼎的空气质量达到一级标准，对于出品茶叶的纯净度有非常积极的促进作用。

福鼎白茶生产历史悠久，主要是由福鼎大毫、福鼎大白两个品种制作，使用菜茶品种生产的福鼎白茶产量已经很少。目前福鼎市以福鼎大白（华茶1号）、福鼎大毫（华茶2号）为代表的无性系茶树良种普及率达95%，为全国最高县（市）之一。从1998年至今，福鼎市全市累计抽检茶叶样品1万多批次，其中98.5%批次符合欧盟标准。现在福鼎白茶主产区主要集中在管阳、磻溪、白琳、点头、秦屿等地，点头既是白茶的重要产地，又是福鼎的白茶交易市场，所以名气最大。

从1998年开始,福鼎市市委、市政府借助国外"白茶热",因势利导,提出共铸白茶名牌,打造"福鼎白茶"的战略思路。为此,他们在白茶品种改良、品牌建设、新技术应用、深度加工、出口创汇、休闲观光、茶文化的发扬光大上力求突破并取得了巨大成功。2005年,福鼎市正式向国家工商总局申请注册"福鼎大白茶"认证商标,作为福鼎大白茶和福鼎大毫茶的通用茶名。2009年5月4日,"福鼎白茶"获得地理标志产品保护认证。

福鼎白茶起源地——太姥山

笔者与福鼎白茶制作技艺传承人林飞应
老师在一起

福鼎白茶起源传说——鸿雪洞绿雪芽

第二节 | **政和产区**

　　政和县地处东南沿海丘陵区，山地广布，河谷盆地狭小，产区海拔在200~1200米。高山出好茶，茶区冬季冷空气不易进入，夏季由于海拔适中，形成冬暖夏凉气候，年平均气温在14.7摄氏度，所产茶叶持嫩性强，滋味鲜爽，毫香显露。政和产茶的历史悠久，在唐末宋初已有记载。在宋代，政和作为重要的北苑贡茶产区，地位显赫。政和县在1880年发现大白茶，1889年开始制银针，至1922年才制作白牡丹（张天福，1963）。按照这个时间计算，政和产制白茶的历史已经有100多年。现在，茶叶是政和农业六大支柱产业之一。政和的白茶加工工艺与福鼎等白茶产区有所不同，主要以室内自然萎凋为主，即在晴朗的天气条件下，将鲜叶均匀地摊晾在水筛上，置于通风的专用茶楼里进行自然萎凋。现在，政和的白茶主产区是石屯、东平、熊山，周边松溪县的茶平、郑墩也有生产。主要品种是福安大白茶、政和大白茶、福云6号等品种。

近年来，政和县逐渐加大了对政和白茶的推广力度并收效显著。2007年3月，国家质量监督检验检疫总局批准对政和白茶实施地理标志产品保护，同时，"政和白茶"地理标志产品专用标志正式启用，标志着政和白茶开始从名品向名牌发展。2012年，政和白茶传统制作技艺被列为非物质文化遗产，使得政和白茶的传统制茶技艺得以发扬光大。

政和的室内萎凋室

笔者与政和白茶制作技艺传承人许益灿先生

第三节 ｜ 建阳产区

福建建阳对于中国现代白茶的文化研究有很大价值，建阳是水仙茶树的发源地，也是白茶中"小白"和"水仙白"的发源地，而且建阳是水仙白茶的主

建阳的室内萎凋室

水仙茶树发源地——建阳区小湖镇大湖村

建阳区漳墩镇"贡眉白茶上林茶厂"遗址

要产地。建阳境内丘陵多，平地少，地理环境优越，适宜栽种茶树。现在，建阳生产的白茶数量较少，主要产地在漳墩和水吉，以室内自然萎凋为主，主栽品种是水仙茶、福安大白茶、政和大白茶，其中制作白茶的主要品种是福安大白茶和政和大白茶。使用当地菜茶制作的"小白茶"口感甜爽、回甘明显，外形娇小玲珑，极具特色。建阳所产的"水仙白茶"花香馥郁，甜爽回甘，耐泡度好，陈放后口感醇厚顺滑，体感丰富。

笔者与建阳白茶制作技艺传承人陈兴备先生

第四章

白茶生产

芽茶以火作者为次，
生晒者为上，
亦更近自然，且断烟气耳。

——田艺蘅 《煮泉小品》

白茶生产主要包括毛茶生产和精制两个阶段，毛茶生产是主要的生产阶段，包括鲜叶采摘、萎凋、干燥三个过程；毛茶生产好以后再通过拣剔、拼堆、二次干燥、装箱等精制过程就可以作为成品茶进行销售。根据需要可以把成品茶进行二次加工，形成紧压白茶、金花白茶，或者用白茶提取各种保健品、化妆品、制作茶类食品或饮料等。

第一节 | 毛茶初制

🌢 一 鲜叶采摘

鲜叶采摘为白茶制作的第一道工序，原料采摘的时间因茶叶品种、制茶种类而不同，采摘的原料综合情况对成茶的品质影响巨大。

白茶对鲜叶的采摘时间有严格要求。陆羽在《茶经》的第三章《茶之造》中提道"凡采茶，在二月、三月、四月之间"，说明茶叶的采摘有严格的时间要求，唐代使用的是现在的农历，即现在的三月、四月和五月间进行采摘。当代的茶叶采摘与唐代已有很大不同，除春夏季之外，秋季也是重要的茶季。白茶的采摘一般分春、夏、秋三季，春茶是最重要的茶季，白毫银针、白牡丹基本都在春季生产，夏季和秋季基本不会生产白毫银针和白牡丹。白茶的采摘时间各茶

已采茶青

区有所不同，但都要严格掌握采摘时间，茶树上有10%~15%的新梢符合采摘标准时即须采摘。几乎所有茶区都流传着这样的谚语：“茶树是个时辰草，早采三天是个宝，迟采三天变成草。”特别是在雨水多、气温高的季节，芽叶很容易长大变老，所以有“茶到立夏一夜粗”的说法。

　　白茶对鲜叶的采摘天气有严格要求。陆羽在《茶经》的第三章《茶之造》中提道：“其日有雨不采，晴有云不采，晴，采之。”天气状况对茶季影响巨大，每到茶季，茶农几乎每天都要看天气预报。白茶采摘一般以晴天最好，但《茶经》中“晴有云不采”则不符合白茶采摘的实际情况，茶叶采摘生产以北风天最佳，可以制出香高爽甜的上等白茶；南风天较次，控制不好容易变成芽绿、叶红、梗黑的次等白茶；雨天和大雾天均不宜采制，此时的茶叶一般称为“雨水青”，现代科学已经证明，雨水青中的绿原酸含量较高，是导致茶青品质下降的原因之一。雨水青所制白茶没有鲜灵度，如果制作不好容易造成"死张"的情况。但如果茶季阴雨连绵，为了经济效益，即便是雨天也要进行采摘。

白茶对鲜叶采摘的匀净度有严格要求。白茶种类划分较多，且每个种类都有明确分级，所以对茶叶鲜叶的匀净度有严格要求。匀净度包括茶青的匀度和净度两个方面。匀度是指鲜叶理化性状一致的程度，即品种一致、嫩度一致、含水量一致等。匀度高的鲜叶便于加工技术的实施，茶叶品质高。净度是指鲜叶中茶类夹杂物和非茶类夹杂物的含量。茶类夹杂物有茶籽、老叶、病枯叶、枝梗等；非茶类夹杂物有杂草、砂石等。这些夹杂物不仅影响茶叶品质，危害人体健康，有时还会损坏机械。匀净度差的鲜叶制成毛茶的匀净度也差，在精加工时制工复杂，精加工率低，特别是拣剔的工作量大大增加，使成本提高，效率降低。

田园茶采摘

荒野茶采摘

（一）白毫银针的采摘标准

白毫银针为白茶的代表茶类，制作一斤白毫银针大概需要春茶壮芽20000个左右。制作白毫银针的品种多为芽头肥壮、白毫显露的品种，由这种原料制作的银针才有显著毫香，是白茶"毫香"的物质基础，一般以福鼎大白、福鼎大毫、政和大白等"大白"品种为主，以春茶头一轮品质最佳，以顶芽肥壮、毫心大为最优，到三四轮后多系侧芽，芽较小，到夏、秋茶芽更瘦小，已经不适合制

白毫银针茶青

白毫银针单芽

作白毫银针。白毫银针采摘标准极其严格，在产区有"十不采"：即雨天不采，露水未干不采，细瘦芽不采，紫色芽头不采，风伤芽不采，人为损伤芽不采，虫伤芽不采，开心芽不采，空心芽不采，病态芽不采。

白毫银针采摘的三种方法

白毫银针由于产地及历史传承的原因有三种不同采摘方法：一是抽针法，即采下一芽一二叶，采回后再进行"抽针"。用左手拇指和食指轻捏茶身，用右手拇指和食指把叶片向后拗断剥下，把芽与叶分开，芽制银针，剥下的叶片一般被称为"茶皮"，"茶皮"兼具白毫银针的毫香和白牡丹的爽甜，且富含氨基酸，口感很好，为茶中珍品，产量极少。抽针法采摘的银针虽然外观肥壮，但不够重实，泡开后芽叶分离，叶底形状欠佳。二是剥针法，即采下一芽一叶，再把叶片剥离，剩下芽针。这种方法使得剥出来的芽针带着一小段嫩梗，影响了银针的外形和品质。前两种方法在2010年以前使用较多，可以为我们鉴定陈年老针提供一些外形上的信息。随着白茶市场的火热，白茶价值越来越高，对白茶的采摘要求也越来越高，现在的采摘一般都使用"采针法"，当地茶农也称为"拔针法"。采针法，即采时只在新梢上采下肥壮的单芽，这样采摘的单芽肥壮重实、质量上乘，充分沥泡后芽头肥壮，锋苗挺拔。

（二）白牡丹采摘标准

白牡丹以一芽一叶初展、一芽一叶、一芽二叶为原料制成，以春茶品质最佳。制作白牡丹的原料内含物质丰富，成茶口感醇厚甜爽，尤其是以一芽一叶初展为原料制成的"牡丹王"品质卓然超群，色、香、味、形兼具，具有很高的品饮价值与保健效果，是笔者的最爱。

白牡丹茶青 　　　　　　　　　　　　　　　　白牡丹单芽

（三）贡眉采摘标准

贡眉一般由一芽二三叶制成，这种等级的采摘标准兼顾了茶叶品质和茶叶产量。如果茶青过于细嫩，品质虽有提高，但产量则相对降低；如果原料太粗老，虽然产量高，但芽叶综合品质下降。一芽二三叶的原料内含物质丰富，香气、滋味及耐泡度达到了最佳的结合点（乌龙茶的采摘标准一般为一芽二三叶，顶端"驻芽"形成时采摘），兼具白牡丹的甜爽醇厚和寿眉丰富的香气物质，在保健功效上消炎杀菌和"三降"的功效并重，在日后的存放过程中可转化成多种香气，常常给存放者带来意外的惊喜。

贡眉茶青

贡眉茶青单芽

（四）寿眉的采摘标准

寿眉一般是以一芽三四叶为原料，或者利用叶片制成的白茶，采摘原料嫩度较为宽泛，一般在生产完白毫银针、白牡丹、贡眉后才进行采摘。

寿眉茶青

寿眉茶青单芽

（五）新工艺白茶的采摘标准

新工艺白茶的原料嫩度较为宽泛，一般根据茶厂的制作习惯和客户的需要标准来采摘。

（六）荒野茶的采摘标准

荒野茶由于长久没有人管理，一般树株高大，有的高度可达四五米，采摘难度较大，费时费工，常常要把树干扳倒压低采摘，茶区的人给荒野茶的采摘起了个形象的名字叫"扳倒采"，有的干脆把树枝砍断拿回家采摘。由于荒野茶没有经过管理，茶树生长粗放，所以相对田园茶来讲，采摘规格不是很严格，采摘效率也较田园茶低很多。

荒野茶园

二 茶青管理

茶叶鲜叶从树上采摘后即变为制作干茶的原料，这时候它就有了一个新的名字——茶青。茶青的管理是采摘的延续，对成茶的品质有重要影响。

采摘中装青叶的容器需透气良好，一般使用带格栅的竹篮、竹筐，切勿紧压或堆积过多，采摘好的茶青应在树荫下进行保管，防止曝晒、失水和发热。进厂后及时摊放，不可堆积过久，以保持鲜叶的新鲜度。一般来讲，运送中容易对茶青造成不利影响的主要有三个因素：一、机械性损伤：机械性损伤是指由于堆积过多或受力过大使茶青的叶脉折断，机械性损伤的地方会出现红变，既影响白茶外观，又影响茶叶口感。二、透气不好：茶叶被采摘后光合作用停止，呼吸作用增强，呼吸作用使叶内糖类分解，产生二氧化碳，释放出大量的热

放在竹篮中的茶青

红变的茶青

机械性损伤且红变的茶青

严重红变的茶青

量，如果通气情况不好，产生的热量散发不出去，叶温会不断升高，使叶子发热变红，最容易变红的部位是芽尖、叶尖、叶缘及叶梗，而这些部位变红会加重白茶的涩度。三、时间过长：鲜叶堆积时间过长，如果透气不良会造成呼吸作用释放的热量不能及时散发，使叶温升高，促进内含物加快分解，在缺氧的条件下进行无氧呼吸，使糖分解为酒精和二氧化碳，并产生热量，叶堆内出现酒精味使茶青变质；如果透气良好，随着水分的散失，细胞液浓度的加大，细胞膜透性增强，多酚氧化酶的活性会增强，茶青中的多酚类物质氧化较快，茶叶容易红变，所以白茶茶青采摘后应尽快生产，防止茶青品质下降。

三 白茶萎凋

（一）萎凋的实质

白茶的萎凋并不是单纯的失水，而是在一定的外界温湿度条件下，随着水分的逐渐散失，细胞液浓度的改变，细胞膜透性的改变以及各种酶的激活引起的一系列内含成分的变化，从而形成白茶特有的品质。

（二）开青

开青是萎凋的第一道工序，对白茶品质形成有重要影响。鲜叶从茶树上采收下来后，生命活动仍在进行，随着时间的延长，叶内水分不断蒸发散失，叶温升高，呼吸作用随之加强，而呼吸作用会使鲜叶内含物分解消耗而减少。据分

开青

析，在20摄氏度条件下，鲜叶贮藏24小时，鲜叶失水19%，干物质消耗5%，多酚类减少50%，鲜叶品质大为下降。所以开青应尽早进行，以防止茶青品质下降。

开青即把茶青按照一定的厚度摊放在水筛上。摊放的厚度是关键，如果摊放过薄，茶青干燥过快，茶青中的内含物质转化不充分，制成的白茶叶色黄绿、口感苦涩，陈放中转化较慢；如果摊放过厚，氧气供应不足，茶青内的温度过高，使得茶青内含物质氧化速度过快，茶叶容易红变，制成的白茶叶色红褐、滋味粗淡不耐泡。只有保持合理的摊放厚度才能使茶青的内含物质在萎凋过程中实现良好的转变。摊好叶子后，将水筛置于日光下或萎凋室中萎凋，萎凋过程中不可翻动。

（三）并筛

并筛是指在白茶萎凋过程中由于工艺需要，把两个水筛上的茶青合并在一

并筛

个水筛上。白茶在自然萎凋过程中，在以多酚氧化酶为主的一系列酶类物质的催化下，叶内的苦涩物质逐渐变得甜醇，低沸点的青草气逐渐挥发，茶叶的清香或花香产生，随着叶内水分的流失，多酚氧化酶的活性不断降低，叶内物质的转化变得微弱，为了使水分均匀，减缓失水速度，激发叶内各种酶的活性，使叶内的物质继续转化，萎凋过程中一般进行一次并筛，有些地方也称为"修衣"。并筛时要求叶片不贴筛，芽毫色发白，叶色由浅绿色转为灰绿色或深绿色，叶缘略垂卷，芽叶与嫩梗呈翘尾，嗅之无青气。小白茶为八成干时两筛并一筛。大白茶并筛一般分两次进行，七成干时两筛并一筛，待八成干时，再两筛并一筛。贡眉、寿眉等级别较低的白茶有时候需要堆放，也称"堆积静置"，堆放时应掌握萎凋叶含水量与堆放厚度，萎凋叶含水量不低于20%，否则青臭味重，涩感强。并筛后仍放置于晾青架上，继续进行萎凋。一般并筛后12～14小时，梗脉水分大为减少，叶片微软，叶色转为灰绿色，达九成五干时，就可下筛。

（四）萎凋方式

白茶的萎凋是其主要工艺，因为工序简单，常常给人以简单易做的错觉，白茶热兴起后，很多茶区都开始生产白茶，质量泥沙俱下，品佳者寥寥。白茶的萎凋一般为48～72小时，在如此长的生产时间内，茶叶内的物质在发生复杂

白茶萎凋

的生物化学变化, 要想做出品质完美的白茶需要长期的生产经验, 所以白茶是 "工序简单, 工艺复杂" 的茶类, 同时也是对大道至简的完美诠释。

按照萎凋方法, 白茶分为日晒自然萎凋、室内自然萎凋、室内加温萎凋、复式萎凋四种形式。

日晒自然萎凋

日晒自然萎凋

以日晒为主要萎凋方式的自然萎凋被称为日晒自然萎凋。日晒自然萎凋工艺历史悠久, 但受天气影响较大, 在室外阳光适度的条件下, 白茶可以采用全程日晒萎凋的方式生产, 福鼎的茶农和小茶厂普遍采用日晒萎凋。日晒并不是没有控制下的随意生产方式, 在日光过热时要进行遮挡或挪到室内进行萎凋, 随意的暴晒会晒伤茶青，使茶青变红，内含物质转化不充分。日晒萎凋所制茶叶有独特的日晒味道，产生日晒味的是一种叫β-甲硫基丙醛的物质。采用日晒自然萎凋的白茶普遍香气比较丰富，后期常常会转化出各种类型的花香和果香。

室内自然萎凋

全程在室内进行自然萎凋的方式被称为室内自然萎凋。如果室外日光不适宜白茶萎凋，就要改为室内自然萎凋；同时，由于白茶生产历史的情况不同，室内自然萎凋也成为一些茶区的主要白茶生产方式，目前政和及建阳产区用此方法制作白茶的较多。萎凋室要求四面通风，无日光直射，并要防止雨雾侵入，场所必须清洁卫生，且能控制一定的温度、湿度，一般春茶萎凋室温要求在18～25摄氏度，不宜太低，相对湿度为67%～80%。如果温度偏低，湿度偏大，可先关闭窗户，在室内引入热源（炭火、电炉等均可），以提高室温，降低湿度。采用室内自然萎凋方式制作的白茶口感甜爽，回甘较好。

室内自然萎凋

室内加温萎凋

在白茶生产过程中，常常不能保证整个过程都有理想的日晒或室内自然萎凋的条件，这时候要进行室内加温萎凋，同时茶区的大型企业也把室内加温萎凋作为一种主要的生产方式。室内加温萎凋的优点是不受自然条件影响，便于企业安排生产，同时室内加温萎凋可以缩短萎凋时间，提高生产效率。加温萎凋可采用萎凋槽加温萎凋、管道加温萎凋、热泵加温萎凋等方式进行，甚至有些大企业建立了模拟日光萎凋方式的室内生产线。

带有工业除湿机的萎凋室（有加热功能）

萎凋槽萎凋

复式萎凋

所谓的复式萎凋就是采取日光自然萎凋、室内自然萎凋及室内加温萎凋中的两种以上工艺的萎凋方式。复式萎凋可以为白茶的生产创造出理想的条件，使白茶的内含物质在生产过程中得到理想的转化，如果控制得好，常常可以生产出理想的白茶。

（五）萎凋四要素

鲜叶原料

茶区的茶农做茶要"看青做茶"，白茶萎凋要根据不同鲜叶蒸发失水的速度及含水量的高低掌握萎凋技术，必须根据鲜叶原料的理化属性而灵活实施。嫩叶角质化程度低，水分容易蒸发，而老叶角质化程度高，水分不容易蒸发。适合制作白茶的品种有菜茶群体种和无性繁殖的大白、水仙等，不同品种的失水速度有所不同：菜茶叶张小，含水量较低，蒸发失水速度较快；大白、水仙失水速度相对较慢，特别是水仙含水量较高，且节间距长，蒸发失水速度相对较慢，若工艺掌握不好则容易红变。不同生产季节的茶青失水速度也有很大差别，一般来讲，春茶含水量高于夏秋茶，而雨露水青，蒸发失水速度就更慢。

温度与湿度

白茶自然萎凋最适宜的温度是20～25摄氏度，加温萎凋风温控制在28～30摄氏度左右，相对湿度65%～75%为宜。温度和湿度过高时，由于多酚类物质氧化缩合反应过于剧烈引起茶叶红变，茶叶酵感明显；而温度过低及湿度过高时，会因萎凋时间过长而色泽变黑，口感粗淡。故茶区有"天热变红，天冷变黑"的说法。提高一定的温度可以降低相对湿度，从而促进叶子水分的蒸发，加速淀粉和蛋白质等有机物质分解和多酚类物质的氧化。但是如果温度过高，则因叶子失水使茶叶内含物质转化不充分，造成萎凋不足，制成的茶叶口感苦涩，青草气重。

空气流通

空气流经叶面及时吹散叶面水蒸气分子，可以降低叶间的相对湿度和水蒸气的分子压力,减少水分汽化的阻力,能有效促进水分的蒸发。另外,通风透气与否还会影响萎凋叶的呼吸代谢及其内含物的转化。可以说,萎凋的理化变化是一种空气条件下的变化,因此,萎凋环境必须保证良好的空气流通。当地茶农对于空气流通非常关注,北风天容易制出高质量的白茶,南风天很难制出高品质的白茶,归根结底就是因为北风天空气流通良好,制茶工艺容易控制,而南风天空气流通性较差,所以南风天要采取排风措施,以助空气流通。萎凋过程中对空气流通有严格的控制,在萎凋前期必须注意鲜叶均匀薄摊,不匀和过厚往往造成白茶欠鲜醇,色泽花杂,所以要求空气流通保持适度的水平。但在萎凋后期当萎凋叶达到一定干度时,通过并筛适当增加厚度,此时适当抑制空气的流通,又可增加叶间的温度和湿度,消除青臭味,促进发酵,完成内含物的转化和积累。此外,摊叶厚薄对空气流通也影响巨大,萎凋时摊叶过薄,空气流通过于充分,茶叶水分蒸发过快,容易造成萎凋不足;摊叶过厚,叶堆的里外萎凋不均衡,影响萎凋叶的匀度,如翻拌不及时,空气供给不足,容易发酵过度红变,影响成茶品质。

萎凋历时

受到上述因素的影响,萎凋历时必然有长有短,如萎凋历时太短,即使叶内水分蒸发扩散已达标准要求,但茶叶内含物转化并不充分,成茶品质也不高,会出现叶色青绿,香味青草气重;而萎凋历时太长,茶叶内含物转化过度,茶叶内含物质保留较少,成茶品质不高,香气不纯净,滋味鲜爽度低,叶色偏黑。因此,萎凋时间最好掌握在36~72小时之间,一般以54小时左右为宜。

日光萎凋白茶一定好吗

　　日光萎凋是近年白茶的主要卖点之一，很多茶友都追求日光萎凋的白茶，那么，日光萎凋的白茶一定好吗？白茶的萎凋方式有日晒自然萎凋、室内自然萎凋、室内加温萎凋和复式萎凋四种方法，这四种萎凋方式若运用得好都能生产出质量优异的白茶。传统或茶农生产使用日光萎凋是受生产设备所限，但日光自然萎凋对天气的依赖太大，如果条件不理想则很难生产出高质量的白茶，且由于传统制作方式的传承，政和白茶和建阳白茶的萎凋方式基本都为室内自然萎凋。而复式萎凋利用现代科技，可以为白茶生产创造理想的条件。其实我们在选择白茶时不应该过于关注生产过程，而应该更关心茶叶的成茶品质，只要茶叶品质完美，没必要过于关心萎凋方式。而且纯日光萎凋的白茶由于日光干燥，干燥温度较低，有些苦涩物质没有转化为甜醇的物质，虽然保留的活性物质较多，但往往收敛性较强，一两年的表现可能并不理想，有些茶友追求纯日光萎凋的白茶，但有时选择的往往是复式萎凋的白茶。就笔者个人经验而言，有日光萎凋环节的白茶香气和物质更为丰富，转化后效果较好，但只要有日光萎凋的环节就可以，没必要机械地要求全程日光萎凋，日光自然萎凋只是白茶的一种生产方式，茶叶的品质才是最终的决定要素。

● 四 白茶干燥

当茶叶萎凋适度时要及时干燥，但萎凋程度不足时切忌干燥，过早干燥的萎凋叶成品色黄，味淡并带有青气。白茶干燥是物理变化与生物化学变化共同作用的复杂变化，不是简单地把白茶烘干，白茶的干燥对白茶的内含物质有深刻影响。通过干燥可达到以下两个目的：一、进一步提升茶叶品质。干燥阶段，在制品含水率低，酶活力微弱或已丧失，物质以非酶促氧化作用占主要地位，多酚类物质发生转化与异构化，从而减少了茶汤的苦涩。干燥过程中，以茶多酚中的儿茶素变化最为深刻，酯型儿茶素减少，使涩味进一步降低，茶汤滋味更为甜醇。同时，低沸点的芳香物质进一步挥发，使得青草气降低，而毫香、花香等香气物质得以增加。一些氨基酸发生分解与异构化，进一步发展为香气物

日光干燥

干燥机干燥

传统炭焙干燥

质，使得成茶香气更加丰富。通过干燥也可以对萎凋环节的不足加以修正。二、通过干燥降低水分含量，使茶叶含水率达到长期存放的要求。

目前大中型茶叶加工企业在白茶烘干时主要是用烘干机进行，茶农主要以晒干为主，而小型茶厂根据具体情况灵活掌握，炭火干燥为传统的干燥方式，在有些茶区有少量的使用，并不普遍。不同烘干温度，直接影响白茶的主要生物化学成分，从而大大影响白茶的品质。一般来讲，日晒白茶宜采用低温烘干，以保留日晒白茶特点；室内自然阴干的白茶宜高温烘干，以去除生青味，进一步发展茶香气。白茶采取自然萎凋的方式，较好地保留了酶的活性，为了继续保留酶的活性，烘干温度不宜过高。一般来讲，当叶温升高到约45～50摄氏度时，酶的生物活性最强，能促使部分多酚类在短时间内迅速氧化，便于白茶内含物质的进一步转化。但当叶温达到70～80摄氏度时，酶处于热变性状态，催化机能停止。当叶温达到80～100摄氏度时，经过一定时间的干燥，酶的生物学特性彻底毁灭。温度过高不但不利于干燥过程中白茶内含物质的转化，而且由于酶活性的丧失，在日后存放过程中的转化速度也会受到很大影响，生成的香气与口感物质不够丰富，保健价值也大大降低。高温干燥的白茶由于在高温作用下，糖与氨基酸经美拉德反应，生成烘烤香味，所以前期表现较好，成茶品质毫香明显、汤水甜醇，有特殊的甜香味，但后期转化效果并不理想。

白茶工艺与其他茶类工艺的比较

根据制造方法不同和品质差异，将茶叶分为绿茶、白茶、黄茶、乌龙茶、红茶和黑茶。湖南农业大学杨伟丽教授等（2001）采用同地点、同嫩度的鲜叶毛蟹春茶，以驻芽二叶、三叶为主的鲜叶为原料，分别按炒青绿茶、远安鹿苑（黄茶）、湖南黑茶、白牡丹（白茶）、铁观音和功夫红茶加工方法加工成六大茶类，分析其主要生化成分含量，差异结果如下表所示。

六类茶的主要生化成分含量

茶类	氨基酸（%）	茶多酚（%）	黄酮类（mg/g）	咖啡因（%）	可溶性碳水化合物（%）	水浸出物（%）
鲜叶	1.592	23.59	0.128	3.44	11.78	45.6
白茶	3.155	13.78	2.205	3.86	12.50	31.9
绿茶	1.475	22.49	0.119	3.38	9.97	44.4
乌龙茶	1.425	12.78	0.132	3.09	9.06	27.9
红茶	0.970	7.93	0.155	2.99	8.06	23.9
黑茶	1.375	15.51	0.103	3.01	9.45	24.7
黄茶	1.361	16.71	0.115	3.09	10.57	27.6

让我们对上表做一个细致的分析。

可溶性碳水化合物和氨基酸含量均以白茶中最高，与鲜叶比较，氨基酸增加 144%，可溶性碳水化合物增加 6% 以上，而红茶氨基酸含量却减少 25%，可溶性碳水化合物下降 32%。

茶多酚在六大茶类中变化不一，其含量依绿茶、黄茶、黑茶、白茶、乌龙茶、红茶的顺序依次递减，而且前三类茶比后三类茶的含量平均高 58.6%，其中差异最大的是绿茶和红茶，相差 1.8 倍。

黄酮类的含量按照白茶、红茶、乌龙茶、绿茶、黄茶、黑茶的顺序依次递减，需要特别指出的是，白茶在加工过程中黄酮类含量升高16.2倍，是其他五大茶类含量的 14.2 ～ 21.4 倍。

咖啡因的含量按照白茶、绿茶、黄茶、乌龙茶、黑茶、红茶的顺序依次递减，在六大茶类加工过程中的含量变化差异不大，其含量均保持在3%左右。只有白茶比鲜叶的含量增加，而且还比其他五类茶含量高 14% ～ 29% 。

水浸出物的总量按照绿茶、白茶、乌龙茶、黄茶、黑茶、红茶的顺序依次递减，黑茶和红茶的水浸出物最少，均比鲜叶减少45%以上。黑茶水浸出物总量减少可能与黑茶渥堆中微生物大量生长繁殖，需要消耗大量营养质有关。红茶水浸出物总量减少可能与红茶萎凋用于呼吸作用的消耗以及发酵时可能转化成不溶性的大分子物质等有关。

通过以上分析我们可以得出结论：以相同原料加工成的六类茶中，影响风味品质的主要成分氨基酸、咖啡因、黄酮及可溶性碳水化合物等，均以白茶的含量最高，红茶中含量最低，水浸出物含量除绿茶外，也是白茶中较多，在红茶中最少，而茶多酚和儿茶素含量却以绿茶含量最多。由此可见，白茶在缓慢而长时间的制作过程中，内含物质在内源酶适度的作用下，物质被有效地保留在成品茶中，同时形成茶多酚含量低、氨基酸含量高的高氨低酚的良好物质比例，这是白茶甜爽口感的物质基础，同时白茶具有含量较高的水溶性碳水化合物，进一步增加了白茶的甜醇度，而又由于咖啡因含量较高，咖啡因与茶多酚共同作用，使白茶耐泡度增加，这些共同造就了白茶甜爽回甘、持久耐泡的特点。

从保健的角度考虑，为有效地利用茶叶的营养和药理成分，喝白茶受益最多，喝红茶不及绿茶、乌龙茶和黄茶。从风味品质和功能成分的有效利用两方面综合考虑，既能品味到各种各样的茶叶风味，又充分利用多种、多量的有效成分，则以品饮白茶、绿茶、乌龙茶、黄茶为佳。

第二节 | **白茶精制**

◆ 一 精制作用

　　萎凋和干燥后的白茶被称为白茶毛茶，白茶毛茶要经过精制后才能作为成品茶销售。精制是毛茶生产过程的延伸，也是提升茶叶品质和附加值的重要环节。白茶精制的主要作用：一是分清等级；二是剔除杂质；三是提高卫生质量；四是提高白茶内质。由于白茶没有经过揉捻，容易断碎，而且白茶生产工序简单，茶叶异杂物少，所以白茶的精制过程相对比较简单。一般来讲，大中型茶厂由于产量大，单批次茶叶一般很难满足销售的需要，需要经过拼堆精制后才能进行销售。小茶厂和茶农由于产销量小、受拼配技术所限，一般单批次销售较多，白毫银针一般进行简单的风选就可以干燥装箱，白牡丹、贡眉、寿眉为保持完整的外形，一般只做简单的拣剔后就可以干燥装箱。

◇二 精制步骤

具体来讲，白茶精制主要包括拣剔、划分等级、拼配匀堆、充分干燥、装箱几个步骤。

（一）拣剔

拣剔过程是剔除夹杂物，提高茶叶品质的重要工序。白茶的拣剔以手工拣剔为主，银针主要拣出物是过长芽蒂、鱼叶、鳞片及非正常色的银针。白牡丹、贡眉及寿眉主要拣出物为黄片、蜡片以及非茶类夹杂物，拣剔时动作要轻，防止折断芽叶或使叶张破碎。

（二）划分等级

在毛茶中由于老嫩混杂，精粗不一，通过精制环节，可使优次各归其类，划分等级，统一规格，符合成品茶的要求。

（三）拼配匀堆

根据各级成品茶加工标准样，对各批次白茶按一定的比例进行拼配，取长补短，调剂品质，达到规定的质量要求。

（四）充分干燥

白茶需要长期保存，所以对白茶的干燥度有严格要求，在装箱前必须经过再次干燥，又称为复火。为了长期保存，白茶的干度应达到6%，水分超标

挑拣前的白毫银针

挑拣后的白毫银针

挑拣出的鱼叶和细小叶片

会引起白茶品质的下降，甚至导致白茶劣变。白茶通过精加工的再干燥，在散发水分的同时，也促进了茶叶品质的转化，使茶香气进一步提升，口感变得更加甜醇。

（五）装箱

白茶在充分干燥后要带热装箱，以更多地保留茶叶的香气和内含物质。现在的白茶装箱一般都有两层，第一层为复合塑料薄膜层，主要是隔绝空气和水分；第二层为锡箔袋，以阻碍光线对茶叶的影响，这种包装为白茶的长期存放提供了理想的条件。白茶装箱切忌重量过大，达到紧实即可，不能为了节省包装而过量装箱，使白茶大量断碎，影响白茶的外形和口感。

白茶装箱

第三节 | **白茶品质的形成**

　　传统茶类的茶叶品质是指茶叶的色、香、味、形，一般包括外形和内质两方面，茶类不同，品质要求各异。茶叶的色、香、味都有各自的物质基础，色、香、味不同，它们的物质组成及其含量就不同。因此，茶叶品质是茶叶中各种化学物质理化特性的综合反映。白茶芽头肥壮，满披白毫，如银似雪，汤色黄亮，滋味鲜爽醇和，叶底嫩匀，了解形成白茶品质的原理及物质组成对于我们进一步了解白茶意义深刻。

一 白茶色泽形成的物质基础

　　白茶的色泽包括干茶色泽、汤色、叶底色泽三个方面。白茶色泽是鲜叶茸毛以及鲜叶的内含物质在加工过程中发生不同程度的降解、氧化、聚合、缩合等生化变化的总反映。

鲜叶中原来含有的叶绿素、类胡萝卜素、叶黄素、花黄素（黄酮素）和花青素等色素物质，在制作成成茶后部分转移到干茶色泽中，同时以叶绿素为主的色素物质在茶叶加工制作中发生了一系列缓慢的变化，叶绿素产生脱镁或水解等作用，形成其他颜色的转化物，这些新形成的色素物质与原有色素物质共同造就了干茶色泽的基础。除此之外，以儿茶素为主体的多酚类化合物受多酚氧化酶和过氧化物酶的催化生成不同层次的氧化产物，这些物质也参与了干茶色泽的形成。由于这些色素物质的作用，茶叶颜色也就相应地由青绿逐渐变绿黄、橙黄、铜红以至红褐等，颜色的变化也成为判断白茶萎凋程度是否适度的重要依据。由于白茶特殊的品质要求，制作白茶的品种都为多毫的品种，如福鼎大毫茶茸毛晶莹雪白，其含量可占茶叶干重的10%以上，如此多的白毫披覆整齐有序，使白茶呈现银光闪烁的外形色泽。白茶芽叶茸毛的色泽、密度、长度

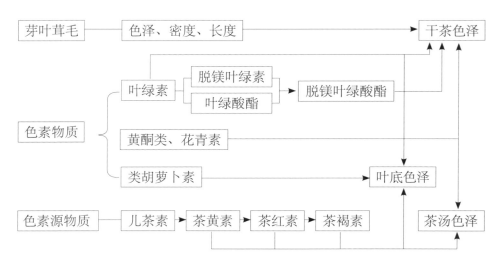

白茶色泽品质的形成（叶乃兴，2010）

对白茶成茶干茶色泽有重要影响。

　　白茶汤色主要是由多酚类化合物不同层次的氧化产物与黄酮素共同形成的，如橙黄色的茶黄素、棕红色的茶红素和暗褐色的茶褐素等，这些物质会随着白茶的陈化而加深氧化程度，使白茶的汤色越来越深。

　　形成白茶叶底色泽的物质与形成白茶干茶色泽的物质相似，除此之外，白茶在冲泡过程中形成的一些不溶于水的色素物质也参与了叶底色泽的形成。需要指出的是，茶黄素、茶红素、茶褐素本属于可溶性的物质，白茶在沥泡过程中，茶黄素、茶红素、茶褐素等多酚类化合物溶解于水中，而沉积于叶底的色素物质是初制过程中多酚类化合物与蛋白质结合成的部分不溶性物质。

二 白茶香气形成的物质基础

　　白茶的香气物质一部分是来自鲜叶中原有的香气物质，一部分是在制作过程中产生的新的香气物质，成茶中的香气物质数量远远高于鲜叶中的香气物质数量，可见制作中产生的香气物质是形成茶叶香气品质的主要原因。在白茶萎凋过程中，带有青草气特征的低沸点芳香物质减少，带有花香、果香等特征的中、高沸点的香气物质增加。在干燥过程中，氨基酸分解和异构也可形成新的芳香物质。

　　茶叶的香气物质丰富，茶叶的香气特征是由于各种香气成分及其相互之间的协调组合对嗅觉神经的综合作用，最终形成茶叶香气的是这一过程中占优势地位的香气物质所表现出来的。茶叶香气的形成受多种因素的影响，茶树品种、生态环境、不同季节、采摘标准、加工工艺等因素都会对茶叶的香气品质特征产生影响，形成所谓的"品种香""风土香"和"工艺香"。茶树品种对香气品质具有显著的影响，是决定香气物质差异性的根本原因，而栽培条件和肥料营养、遮阳避光等人为调控可实现香气物质的有利积累，改善鲜叶中芳香成分的总量及构成。制茶工艺技术的不同是茶类香气千差万别的最直接原因，加工过程中众多香气前体物质会发生持久而复杂的反应。

三 白茶滋味形成的物质基础

茶叶的滋味是人们的感觉器官对茶叶中呈味物质的综合感受。茶叶中的呈味成分比较复杂，其种类、含量及比例的不同或改变都深刻地影响着茶汤的滋味，茶的滋味因茶类的品质优次而有很大差别。茶汤滋味主要由可溶性糖的甜味，茶多酚及其氧化产物的涩味及醇和感，氨基酸的鲜爽味，咖啡因的苦味，以及具黏稠性的水溶性果胶等物质构成。

白茶工序简单，原料的质量对成茶品质影响巨大，制作白茶的品种基本上都是国家良种，芽叶茸毛多，内含品质成分丰富，这为白茶良好的口感奠定了物质基础。白茶在萎凋过程中多酚类化合物发生缓慢氧化，其含量逐步降低；同时蛋白质水解为氨基酸，酚氨比降低，这些生化成分的变化有利于减轻白茶茶汤的苦涩味，增进滋味的醇和度。此外，干燥工艺对白茶的主要品质成分变化也有重要影响，总之，各种不同味感的物质成分之间彼此协调，最后形成了白茶醇爽清甜的滋味。需要指出的是，制作白茶的品种一般为肥壮显毫的品种，芽叶茸毛对白茶滋味品质有重要影响。茸毛的氨基酸含量显著高于茶身，使得所制成的白茶甜爽回甘。

茶汤中的呈味成分

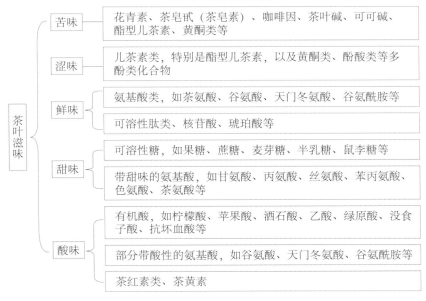

（王汉生，2005）

茶汤中的主要呈味成分

呈味物质	滋味	呈味物质	滋味
茶多酚	苦涩味	甘氨酸	甜味
儿茶素类	苦涩味	丙氨酸	甜味
酯型儿茶素	苦涩味较强	丝氨酸	甜味
没食子儿茶素	涩味	精氨酸	甜而回味苦
表儿茶素	涩味较弱、回味稍甜	糖（可溶性）	甜味
黄酮类	苦涩味	果胶	无苦，但汤感厚
花青素	苦味	咖啡因、可可碱、茶碱	苦味
没食子酸	酸涩味	草酸等有机酸	酸味
氨基酸类	鲜味带甜	维生素 C	酸味
茶氨酸	鲜爽带甜	咖啡因＋茶黄素	鲜爽
谷氨酸	鲜甜带酸	茶黄素	刺激性强烈、爽口
天门冬氨酸	鲜甜带酸	茶红素	刺激性弱带甜醇
谷氨酰胺	鲜甜带酸	茶褐素	味平淡、稍甜
天门冬酰胺	鲜甜带酸	茶皂素	辛辣的苦味

（程启坤等，2005）

第四节 | **白茶再加工**

● 一 白茶紧压

白茶是六大茶类中唯一没有经过揉捻而保持自然形态的茶类，体积较大，容易断碎，为了便于保存，减轻库存压力，白茶常常被紧压为各种形状。白茶紧压的过程与黑茶基本一样，但由于白茶没有经过揉捻，茶叶细胞较为完整，白茶干茶表面没有茶汁附着，所以茶叶黏性较小，不宜压制成型，所以白茶的紧压与黑茶又有所区别。

白茶散茶称重后装入布袋，通过蒸汽熏蒸变软，对布袋中的散茶整形后就可以放在液压机上进行压制，压制时间一般根据需要保持在1分钟左右。压制好的茶叶放入烘烤设备中干燥到足干即可作为成品茶销售。

待压饼的传统白茶原料

装入桶内

称重

通过蒸汽使茶变软

包揉

压制

干燥

　　白茶紧压的过程中要注意以下环节，否则会影响成品茶的品质。一、熏蒸时间要把握好。如果熏蒸时间过长，白茶的内含物质会发生变性，不利于白茶在存放中的转化。2010年前后，由于白茶紧压技术不成熟，很多贡眉、寿眉都熏蒸过度，虽然经过长时间的存放，但香气和口感表现都不尽如人意，品质与同时期工艺熏蒸适度的饼茶有很大差异，与同时期的散茶品质更不可同日而语。二、机器压制应适度。压制时如果机器压力过大或压制时间过长，白茶紧压茶过紧，不利于压制后白茶的转化，饮用时撬开也变成一件困难的事，同时在沏泡时内含物质也不宜浸出，为茶叶的品饮带来一定困难。机器压力过小，紧压茶不够紧，茶叶在存放一段时间后会变得松散，影响外形。可喜的是，随着白茶紧压技术的不断提高，出现了机器模具等创新的压制技术，所压制茶叶受力均匀，便于后期转化，压制后的茶叶品质与散茶品质非常接近，充分保留了茶叶的内含物质。三、干燥温度不宜高。白茶的干燥要保证在低温下进行，以保留白茶的天然活性，如果温度过高会使白茶的活性降低，不利于白茶的存放转化，甚至使白茶中出现火味，影响白茶口感，长时间的高温干燥甚至导致紧压茶表面的变形。四、干燥方法要讲究。白茶干燥要采取烘干、静置、再烘干、再静置反复交替的方法进行干燥。2010年前后，由于白茶紧压技术不成熟，白茶干燥没有采取烘干、静置结合的干燥方式，许多紧压茶中心不能充分干燥，存放中变质的情况时有发生。

白茶是否应该压饼

　　随着人们对白茶认识的深入，关于白茶是否应该紧压的讨论越来越多，福鼎市曾多次就白茶紧压的问题召开专题讨论会，笔者也根据多年的实践经验提出了自己的见解与茶友探讨。

　　首先，白茶紧压减轻了库存压力。白茶没有揉捻的工艺，保持自然的形态，所以白茶的体积较揉捻后的茶叶体积要大得多，以同样一芽二三叶的原料为例，同样重量的寿眉散茶体积大约为铁观音体积的五六倍，这就给白茶的库存造成了巨大的压力。其次，白茶紧压后流通更为方便。散白茶在零售时需要开发包装，给销售商增加额外的工作，白茶紧压后销售便利性大大增加。

　　虽然同为白茶，但白毫银针、白牡丹、贡眉、寿眉的内含物质及成茶品质区别较大，所以为了弄清白茶是否应该压饼的问题，我们要分品类对待。

　　白毫银针紧压无异于美女毁容，万万使不得。白毫银针是白茶的代表，符合大众对名优茶色、香、味、形的全面要求，白毫银针采用肥壮单芽制作，这时候茶青的内含物质还没有达到最佳的状态，茶青在一芽一叶时的内含物质是最丰富的，但人们为了白毫银针单芽的高贵外形而牺牲了白茶的香气和味道。如果把紧压后的白毫银针撬开，单芽会断碎，我们没法欣赏到如群笋出土、旗枪林立的美感，白毫银针作为顶级茶的特点就不复存在。白牡丹中的高级茶茶性与白毫银针接近，也不宜紧压。

　　贡眉、寿眉三到五年后紧压更为适宜。当年的贡眉和寿眉紧压，破坏了白茶物质的活性，对茶叶内含物质改变较大，保健效果也大为下降。陈化三到五年后，茶性相对稳定，此后的转化渐渐地减慢，这时候紧压对白茶内含物质改变不大，茶味也醇和，由于在蒸压烘干过程中发生了轻度的发酵，使得口感更加醇和顺滑。白牡丹中的低级茶茶性与贡眉、寿眉接近，参照即可。

品质完美的老白茶紧压是惊险的一跃，不宜紧压。七年以上品质完美的老白茶已属于茶中珍品，如30岁壮年之人，表现已经很好，但在口感和保健效果方面还有很大的转化空间，维持散茶状态最好，如果用来紧压则过于惊险，无异于人做了一个大手术，元气大伤还是其次，有可能落下终身难愈的残疾。现在市场上流通的一些十多年的老茶，有些是在2011年左右压制的，那时白茶紧压属于探索期，工艺并不成熟，虽然是老茶，可品质有很大缺陷，实在令人惋惜。现在白茶的紧压技术日臻成熟，老白茶紧压仍然是白茶的惊险之跃。如果散老白茶有明显品质缺陷，用紧压的环节进行品质的弥补和提升则另当别论。

二 金花白茶

金花白茶是在传统白茶的基础上进行"发花"工艺制作而成。白毫银针、白牡丹、贡眉、寿眉等传统白茶处理后放入特殊的"发花车间"进行"发花"，在近乎严苛的条件下通过精密的发花工艺制作而成。冠突散囊菌俗称"金花"，是中国茶叶行业唯一的国家二级保护机密菌种，白茶发花的工艺技术难度很大，金花在适当的温度和湿度环境中才能培养并成长，条件严苛至极；白茶活性极强，金花产生后要抑制有害菌种产生，时间要恰到好处；金花白茶烘干时要保证低温下长时间慢烘，以更多地保留天然活性。

压制后的金花白茶茶砖

金花白茶撬开后目视可见冠突散囊菌

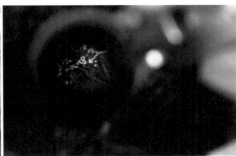

显微镜下的冠突散囊菌（金花）形态

三 其他再加工白茶

其他的再加工白茶主要是利用白茶的散茶为原料生产速溶白茶粉、超微粉碎的白茶粉及白茶浓缩茶水，以这三种形态的白茶再加工茶为基础可以开发出丰富的白茶产品。

第五章

白茶的成分

泡茶、品茶是茶人终生的雅事，懂茶是茶人一生的追求，我们总在学茶的路上，为此我们读万卷书、行万里路，其实我们离懂茶只有一步之遥，茶叶生物化学能使我们插上理想的翅膀，早日到达我们心中茶的圣境。

第一节 | **茶叶的化学成分**

茶叶中的化学成分组成与含量是茶树生物学特性、生态环境条件与制作工艺共同作用的结果，直接影响着茶叶的利用价值和茶叶的品质。茶叶中的化学成分十分复杂，目前已分离鉴定的化合物约有1400多种，其中绝大多数是有机化合物，如蛋白质、糖类、脂肪、茶多酚、氨基酸、茶色素、茶多糖、生物碱、维生素、芳香物质等，特别是构成茶叶香气的芳香物质更为复杂多样。无机矿物元素有钾、钠、钙、镁、铜、锌、铁、锰、硒、硼、钼等30余种。据汪东风报道，茶叶中存在所有的15种天然稀土元素，其中镧（La）、铈（Ce）、钕（Nd）、镨（Pr）和钇（Y）的含量约占茶叶所含稀土元素总量的90%以上。茶叶中的稀土元素3/4以上不溶于热水而残存在茶渣中，而茶渣中的稀土元素约有16%以与α-纤维素结合的形式存在，人们喝茶时摄入的稀土元素不足茶叶中稀土元素含量的1/4。

茶叶中的主要成分归纳起来有10余类，如下图所示。

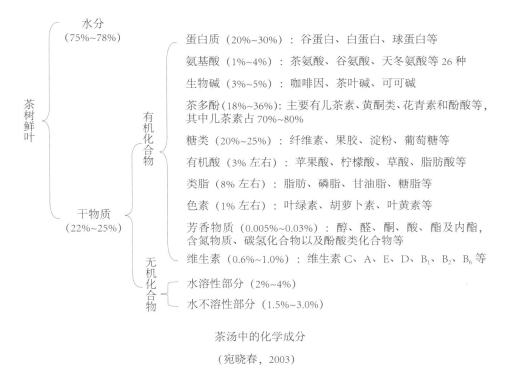

茶汤中的化学成分

（宛晓春，2003）

这些化学成分形成了茶叶色、香、味的感官品质，同时也是营养功能和保健功能的物质基础。我们可以从品质成分、营养成分和功效成分三个层次来认识茶叶的化学成分。

● 一 品质成分

白茶的化学成分是形成白茶品质的根本原因，这些成分是鲜叶中原有的成分与制作过程中形成的成分共同组成的。叶绿素、类胡萝卜素、黄酮、茶色素等共同构成了茶叶干茶、汤色和叶底的颜色；糖类、茶多酚、咖啡因、氨基酸等共同构成了白茶的滋味和口感, 也部分影响了白茶的香气; 白茶的香气物质虽然总体含量很少, 但也有几百种物质, 共同形成了白茶丰富的香气。这些化学成分相互协调作用构成了白茶的色、香、味, 但只有各种化学成分比例适当的白茶才具有良好的口感表现。

二 营养成分

白茶化学成分中有些是维持人体日常新陈代谢必需的成分, 称为营养成分, 它们对人体有较高的营养价值, 一般称为营养素。营养学家的研究证明, 人体健康生存需要营养素, 营养素对人体起着非常重要的作用。营养素的主要功能是构成躯干、修补组织、供给热能和调节生理机能。茶叶中的营养成分类别丰富, 包含了食物中所含的七大营养素 (碳水化合物、脂类、蛋白质、维生素、无机盐、水和膳食纤维) 和人体必需的六类营养素 (氨基酸、脂肪酸、维生素、无机盐、水和黄酮化合物)。

白茶中的营养成分种类丰富, 但因为我们每天饮用茶叶总量有限, 而且营养成分里的大部分是不能溶于水的物质, 所以我们通过饮用茶叶获取的营养成分是有限的, 不能维持身体健康的新陈代谢, 只能少量地补充营养素, 如果把茶叶都吃掉, 吸收的营养素总量会大大提高, 但还是不能维持身体正常的新陈代谢。

三 功效成分

既然饮用白茶不能维持我们身体正常的新陈代谢, 那喝茶对我们保健养生的意义是什么呢? 喝茶对于我们保健养生最主要的意义并不是补充营养、维

茶树鲜叶的内含物质是形成茶叶品质的基础

持生命，而主要是获取茶叶里面的功效成分。茶叶中的功效成分通过各种途径调节我们的身体机能，抵御各种非健康因素的侵袭，从而促进我们身体的健康，让我们少生病、不生病，或者帮助生病的身体恢复健康，达到延年益寿的效果。茶叶中最主要的功效成分是茶多酚，除此之外，茶氨酸、糖类、咖啡因也是重要的功效成分。不同的功效成分有各自的保健效果，但我们喝茶时是把这些功效成分一起喝下去，所以喝茶的最终保健效果是这些功效成分共同作用形成的。白茶中的功效成分有的可以溶于水，有的不溶于水，对我们健康最重要的是溶于水的功效成分，只有这部分的功效成分才可以发挥保健养生的效果，而不溶于水的功效成分会沉积在浸泡过的茶渣中。

以上我们从白茶的品质成分、营养成分和功效成分三个层面分析了白茶中的化学成分，品质成分我们在其他章节有详细论述，营养成分和功效成分比较而言，功效成分对于我们身体的作用要重要得多，我们在下一节对功效成分做详细的论述。

第二节 | 白茶中的功效成分

　　无论是日晒还是室内萎凋的白茶，对人体健康起关键作用的化学成分都是相同的，只是数量会略有差异，这几类成分主要是：茶多酚、咖啡因、茶氨酸、糖类及香味物质等。茶多酚、咖啡因、氨基酸、糖类是最重要的四类成分，其中茶多酚含量为18%～36%，咖啡因含量为2%～4%（最高5.5%），茶氨酸含量为1%～3%，糖类中主要是纤维素，含量为20%～25%。白茶中的各种功效成分由于在水中的溶解度和人体的吸收度不同，不能简单地用茶叶中的含量来衡量其保健的功效。下面让我们来了解每一种功效成分的具体情况。

◍ 一 茶多酚（Tea polyphenols）

（一）基本特点

茶叶中的多酚类化合物简称茶多酚，也称为"茶鞣质""茶单宁"，通常茶叶中的茶多酚含量为18%～36%。茶多酚是茶叶里最重要的一类成分，含量高，组成成分丰富，保健功效明显。主要由以下4类物质组成：第一类是儿茶素类（黄烷醇类），儿茶素分为非酯型儿茶素和酯型儿茶素，非酯型儿茶素滋味醇和，酯型儿茶素具较强的苦涩味和收敛性。第二类是黄酮、黄酮醇类，黄酮具有非常好的抗氧化功能，对女士有养颜美容的作用，溶解在茶汤中，也参与汤色的形成，在葡萄酒中也有黄酮的存在。第三类是花青素、花白素类，水仙茶鲜叶中的花青素含量较其他大白茶鲜叶中高，所以水仙白茶成茶的颜色也较易出现红褐；夏秋的大白茶鲜叶中花青素含量较高，所以成茶颜色也容易出现红褐。第四类是酚酸和缩酚酸类，酚酸类在茶叶中含量少，酚酸中的绿原酸在鲜叶中增加时，鲜叶质量下降。雨水青中绿原酸含量高，是导致茶叶品质下降的原因之一。以上四类物质中以儿茶素类化合物含量最高，约占茶多酚总量的70%。

（二）吸收与代谢

茶多酚人体吸收的比例有限，关于茶多酚吸收代谢的动物实验主要是用儿茶素来进行的。口服的儿茶素只有5%～8%通过消化系统被吸收，大部分通过粪便被排出体外，进入血液的儿茶素是摄取量的2%左右，一部分儿茶素会被肠道中的微生物所分解。儿茶素不但吸收率低，而且在体内代谢速度很快，服用后1～2个小时，血液中的游离儿茶素浓度达到最高，此后逐渐减少，血液中的儿茶素约在12小时后基本消失，因此通常血液中儿茶素不会以高浓度存在。由此我们可知，通过饮用白茶来保健要掌握好每次饮茶的茶叶投放量和间隔时间，以收到良好的保健效果。

（三）保健功效

抗氧化

多酚类及其氧化产物有显著的抗氧化作用，抗氧化作用多指其清除生物体内自由基的作用。自由基指含有未成对电子的原子、原子团或分子。由于自由基具有不成对的电子，因此不稳定，需要找电子去配对以使自己稳定下来，所以就会攻击人体细胞，但我们不必把自由基看成洪水猛兽，人体的自由基主要是由于自身新陈代谢和外界环境摄入产生的，生物体内自由基处于生物生成体系与生物防护体系的平衡之中，正常人体的自由基不会对我们的健康造成危害。但如果外界环境变化、病毒诱导等因素导致自由基激增，或者由于人体机能出现问题导致体内自由基逐渐积累，从而打破体内正常的自由基平衡，而过多的自由基则会攻击我们正常的人体细胞，造成细胞功能损伤，甚至凋亡，并最终引发疾病。这种情况下，就需要外源的抗氧化剂清除自由基，或者提高人体自身的抗氧化酶系统活力清除过量自由基，保护机体正常运转。

茶多酚和茶黄素类主要通过以下途径清除自由基，达到抗氧化的效果：一、直接与自由基反应，茶多酚和茶黄素是一类含有多酚羟基的化学物质，极易与自由基反应，提供质子和电子使其失去反应活性，故具有显著的抗氧化特性。二、生物体内的氧化酶会催化体内自由基的生成，茶多酚和茶黄素类对这些氧化酶有抑制作用。三、生物体内有抗氧化系统，主要由各种抗氧化酶组

茶多酚中的黄酮类物质

茶叶中的黄酮多数以糖苷形态存在，是茶叶水溶性黄色素的主体，占茶叶干重的 3%～4%。研究发现，黄酮类化合物具有多种生物活性，是重要的抗氧化剂，临床应用非常广泛，能防治心脑血管和呼吸系统的疾病；具有抗炎、抑菌、降血糖、抗氧化、抗辐射、抗癌、抗肿瘤、抗艾滋病及增强免疫能力等药理作用（罗海辉，2007）。如今有一些新观点认为，黄酮类化合物还可以作为细胞信号物质，对人体的正常生理功能进行调控（古勇和李安明，2006）。湖南省农科院茶叶研究所钟兴刚研究员于 2009 年发表的《茶叶中黄酮类化合物对羟自由基清除实现抗氧化功能研究》中，通过对茶叶进行物质提取、定性和定量的分析，证明茶叶中含有较丰富的黄酮类化合物，并通过实验证明这种黄酮类化合物具有较强的清除自由基的功能，并指出黄酮类化合物对羟自由基的清除率是随着其浓度含量增加而增加的。白茶在加工过程中黄酮类含量会升高 16.2 倍，白茶成茶中的黄酮类物质含量是其他茶类的 14.2～21.4 倍。尤其需要指出的是，随着白茶的存放，白茶的黄酮类物质会出现明显的增长。陈期 20 年的白茶中黄酮的含量显著高于其他年份的白茶，达到了 13.26mg/g，是当年新白茶的 2.34 倍。

成，在体内清除自由基，防止机体受损害，茶多酚和茶黄素类能提高抗氧化酶的活性。

众所周知，维生素C和维生素E是发现较早、运用最广泛的抗氧化剂，很多老人和小孩的保健品中都有这两种成分，但现代科学证实，茶多酚和茶黄素的抗氧化能力要比维生素强许多倍。

特别需要指出的是，由于白茶工艺比其他五大基本茶类工艺简单，只有萎凋和干燥两道工序，没有揉捻过程，茶叶细胞相对完整，没有杀青环节，最大程度地保留了物质活性。白茶自由基含量最低，多余的自由基是人体衰老、病变的重要原因，其他茶类的自由基含量是白毫银针的1.6～143倍（袁弟顺，2006）。

抗癌症、抗突变

对茶多酚能防癌、抗癌、抗突变的研究，国外的许多刊物都有相关报道。大量的研究证实，茶多酚不仅可抑制多种物理（辐射、高温等）、化学因素所诱导的突变（抗突变作用），而且还能抑制癌组织的增生（抗癌作用）。同时，对于已经突变的癌细胞，茶多酚通过诱导癌细胞凋亡，以抑制癌症的发展及防止癌细胞的转移。尤其需要指出的是，合理浓度下的茶多酚能诱导多种癌细胞的死亡，而对正常细胞无影响，这与化疗的效果是完全不同的。

除上述保健功能外，茶多酚还可以有效地调节免疫功能，有消炎、抗病毒和杀菌的作用，对心血管疾病也有明显的治疗作用。

◈ 二 咖啡因（Caffeine）

（一）基本特点

茶叶中的生物碱含量一般为3%～5%（最高达5.5%），主要是咖啡因（Caffeine）、可可碱（Theobromine）以及少量的茶碱（Theophylline）。以咖啡因为主，一般含量为2%～4%（最高5.5%），高于咖啡豆（1%～2%）。咖啡因是一种中枢神经的兴奋剂，具有提神的作用。由于茶汤中的咖啡因常和茶多酚、茶黄素以络合状态存在，所以它和游离态的咖啡因在生理机能上有所不同。咖啡因是构成茶汤滋味的重要组分，是茶汤苦味的主要贡献者。白茶制作过程中的咖啡因含量变化差异不大，比鲜叶的含量略有增加，而且比其他五类茶含量高14%~29%。茶叶的芽和嫩叶中的咖啡因含量较高，相反，老叶和茎、梗中的含量较低，所以白毫银针和白牡丹的咖啡因较贡眉和寿眉要高。

茶叶新梢各部位的咖啡因含量（干量，%）

新梢各部位	中国资料		日本资料	
芽	3.74	3.89	—	4.7
一叶	3.66	3.71	3.58	4.2
二叶	3.23	3.29	3.56	3.5
三叶	2.48	2.68	3.23	2.9
四叶	2.09	2.38	2.57	2.5（上茎）
茎	1.67	1.63	2.15	1.4（上茎）

（安徽农学院，1984）

（二）吸收与代谢

茶汤中咖啡因的含量，主要取决于茶叶种类和泡茶方法。咖啡因非常容易溶解在热水里面，它在热水中的溶解速度比其他功效成分如茶氨酸、茶多酚都要快得多。如果我们以分钟为单位去测定咖啡因的浸出量，前一分半钟浸出量为60%~70%，而其他成分只能泡出来30%左右。白茶由于没有经过揉捻，细胞相对完整，物质浸出速度较其他揉捻茶类慢，但咖啡因浸出速度仍然较茶氨酸、茶多酚快。

咖啡因很容易被吸收，摄取量的99%以上都能通过消化系统进入血液，有大约20%的咖啡因是经胃吸收，并且吸收迅速，服用后半小时左右，血浆中的咖啡因浓度就可达到最高。咖啡因经过了人体大多数生物膜，分布于人体所有的组织、器官和体液。年龄、肝功能、肥胖、体育运动、疾病、吸烟和药物作用等因素，将影响咖啡因的利用率。咖啡因在体内代谢所需的时间因人而异，一般在血浆中半衰期为3~5小时。咖啡因在新生儿、孕妇、病人体内停留的时间较长，尤其是胎儿、新生儿，能停留数日。咖啡因在体内不积蓄，最后经肝脏代谢，代谢产物从尿中排出。孕妇大量摄入咖啡因可引起流产、早产以及新生儿的体重下降，故应慎用。因此，应科学饮用白茶，每天以10~15克为宜。

（三）保健功效

咖啡因是强有力的中枢神经兴奋剂，能兴奋神经中枢，尤其是大脑皮层，使人精神振奋，工作效率和精确度提高，有些人喝茶后失眠，主要是由咖啡因对神经中枢的兴奋作用引起的，古人称之为"令人少眠""使人益思"，在饮用白毫银针和白牡丹茶时尤为明显。1912年《贸易杂志》报道了Medicochirurgical药物系H.C.Wood的研究结果："茶中咖啡因是一种神经中枢兴奋剂，使肌肉收缩更有力，而无副作用，所以肌肉活动的总和较无咖啡因影响为大。"

咖啡因具有松弛平滑肌的作用，能促进冠状动脉的松弛，改善血液循环，加快心跳。在心绞痛和心肌梗死的治疗中，茶叶可以起到良好的辅助治疗作用。

咖啡因具有强大的利尿作用，它是通过促进尿液从肾脏中的滤出来实现的，而不是摄入大量的水分引起排尿。与喝水相比，喝茶时排尿量要多1.5倍左右。咖啡因的利尿作用能增强肾脏的功能，防治泌尿系统感染。通过排尿，能促进许多代谢物和毒素的排泄，其中包括酒精、钠离子、氯离子等，因此咖

饮用咖啡因的各种反应

　　曾有一段时期，人们认为饮用咖啡或含咖啡因的饮料对人体是有害的，不仅可以使自身对其产生依赖性或成瘾，而且可能引起机体功能失调，甚至产生各种疾病。但是，近期的一系列研究表明，适量地摄入咖啡因对人体有积极的影响。摄取量在每千克体重 15 ～ 30mg 以上时，会出现恶心呕吐、头痛、心跳加快等急性中毒的症状，就是我们所说的"醉茶"症状，这些症状会在 6 小时后逐渐消失。如果把咖啡因的剂量继续加大，可引起头痛、烦躁不安、过度兴奋、抽搐等症状。咖啡因的致死量大约为每千克体重 200mg，这是一个正常饮茶完全不会达到的极限饮用量。

　　过量摄入咖啡因会促进体内矿物质，如钙、镁、钠的排泄。其结果会使骨质密度、重量下降，且变得容易骨折。因此，过量摄取咖啡因是引发骨质疏松症的原因之一。这个负效应在更年期后的妇女，尤其是平时钙的摄入量较少的妇女身上较为明显。白茶中的咖啡因由于有茶多酚、茶氨酸等成分的协调作用，因此喝白茶时的不良反应发生的可能性较轻较缓和。但喝白茶的量因茶、因人而异，适量饮用才能达到保健养生的效果。

　　啡因有排毒的效果，对肝脏起到保护作用。增进利尿，还有利于结石的排出。咖啡因的利尿功能随着尿量的增加，能除去积累在细胞外的水分，有消水肿的作用。

　　咖啡因可以通过刺激肠胃，促进胃液的分泌，使胃液持续增加，增进食欲，

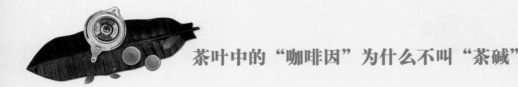

茶叶中的"咖啡因"为什么不叫"茶碱"

茶叶里面包含咖啡因、可可碱和茶碱三种生物碱，而咖啡因含量最多，茶碱的含量不足它的千分之一，而且茶叶里面咖啡因的含量比咖啡豆里还要高好几倍，咖啡豆里咖啡因含量为1%～2%，茶叶里咖啡因含量是2%～4%（最高5.5%）。为什么茶叶中的"咖啡因"不叫"茶碱"呢？因为按科学界的惯例，最先在哪个物种中发现就冠以该物种为俗名，这个成分最先是在咖啡中被发现的，所以被叫作咖啡因。直到1827年，人们才在茶叶中发现咖啡因，终于认识了这个让人兴奋、推动茶叶普及的功臣。同时，我们现在也把咖啡因作为认定茶类植物的特征性成分，叶子里面有咖啡因，基本上可以判定是茶叶，如果含量超过0.1%或者0.2%，基本上就可以认定是茶类植物。

促进消化。

咖啡因除了以上的保健功效外还可以促进体内脂肪燃烧，提高体内脂肪的消耗率，对学习、记忆、睡眠、声带、过敏、肿瘤等都有影响。

◉ 三 茶氨酸（Theanine）

（一）基本特点

茶叶中含有26种氨基酸，其中的20种是组成蛋白质的氨基酸，还有6种跟蛋白质合成无关，属于茶叶中的次生物质，其中最重要的就是茶氨酸。茶氨酸含量占全部26种氨基酸总量的50%~70%，茶叶里绝大部分氨基酸是茶氨酸。茶叶中的茶氨酸是茶树中一种比较特殊的在一般植物中罕见的氨基酸，一般占茶叶干重的1%~3%。茶氨酸能缓解茶的苦涩味，增强甜味，对白茶良好滋味的形成具有重要的意义。茶氨酸在芽与第一叶中含量最高，往下逐渐降低。另外，春茶中茶氨酸含量比夏、秋茶高。

杨伟丽等的实验表明，鲜叶氨基酸含量为1.59%，加工后只有白茶明显增加，比鲜叶增加将近一倍，且比其余五类茶含量高1.13~2.25倍。

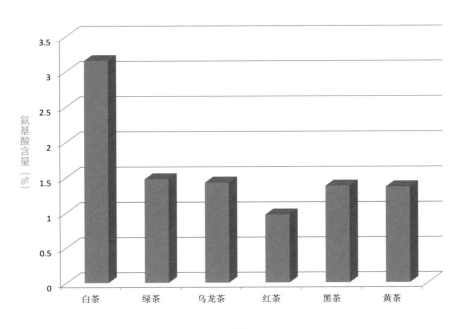

六大茶类茶叶中氨基酸含量

（杨伟丽等，2001）

（二）吸收和代谢

茶氨酸极易溶于水，且溶解度随温度升高而增大。具有焦糖的香味和类似味精的鲜爽味，在茶汤中，茶氨酸的浸出率可达80%，茶氨酸在肠道内被迅速吸收，可以到达包括大脑等在内的许多组织器官，生物利用率接近100%。茶氨酸被吸收后迅速进入血液、肝脏和脑部等组织器官，血液中的茶氨酸浓度在1小时后达到最高，脑部的茶氨酸浓度在5小时后达到最高，然后逐渐下降，茶氨酸在摄入后的24小时内通过尿液排出。

（三）保健功效

茶氨酸能够影响脑内神经传达物质的变化，增强记忆力。茶氨酸进入脑后会使脑内神经传达物质多巴胺显著增加，多巴胺在脑中起着重要作用，缺乏时会引发帕金森症、精神分裂症。茶氨酸影响脑中多巴胺等的代谢和释放，相关的脑部疾病也有可能得到调节或预防。神经传达物质的变化还会影响学习能力、记忆力等。

人们在饮茶时会感到平静、心境舒畅，这主要是茶氨酸的镇静作用。茶叶与咖啡都含有咖啡因，而且茶叶中的咖啡因含量远远高于咖啡，但是喝茶后不像喝咖啡那样兴奋亢进。除了咖啡因与茶多酚络合，使其吸收缓慢之外，茶氨酸的镇静效果也可以对咖啡因的兴奋作用进行抑制，并且茶氨酸的这种作用对容易不安的人更有效。从这个角度出发，茶叶是可以让人兴奋又可以让人镇静的双向调节剂。茶氨酸的镇静作用对女性经期综合症也有明显效果，发现服用茶氨酸后经期综合征的症状比服用安慰剂有明显改善。

茶氨酸是调动人体免疫细胞抵御细菌、病毒以及真菌的主要物质。在春夏及夏秋时节饮用茶氨酸含量较高的白毫银针和白牡丹可以预防感冒等流行疾病。

除以上作用外，茶氨酸在降血压、抗疲劳及减肥方面也有明显功效，还可以增强抗癌药物的作用等。

◍ 四 糖类（Carbonhydrate）

（一）基本特点

糖类又称碳水化合物，糖类化合物依它们水解的情况分类：凡不能被水解成更小分子的糖为单糖（Monosaccharide）；凡能被水解成少数（2~6个）单糖分子的糖称为寡糖（Oligosaccharide）；凡能水解为多个单糖分子的糖为多糖（Polysaccharide），其中以淀粉（Starch）、果胶和纤维素（Cellulose）最为重要。

茶叶中的糖类物质包括单糖、寡糖（其中以双糖的存在最为广泛）、多糖及少量其他糖类。茶叶中的多糖类物质主要包括纤维素、半纤维素、淀粉和果胶等。糖类是白茶的重要呈味物质，其中可溶性糖参与形成白茶汤味的浓厚程度，同时可溶性糖还参与茶叶香气的形成，与氨基酸、茶多酚化合物相互作用会形成甜香、板栗香、焦糖香等香气物质。单糖和双糖是构成茶叶可溶性糖的主要成分。除水溶性果胶外，其余多糖都不溶于水。淀粉在制茶过程中可水解成单糖，增进茶汤浓度和滋味。纤维素、半纤维素含量的高低是鲜叶老嫩的重要指标之一，一般来讲，纤维素和半纤维素含量越高，茶叶越粗老。果胶质具有黏稠性，对茶叶外形形成有一定作用。水溶性果胶溶于茶汤，能增进茶汤浓度, 使其滋味甜醇。

其实对于保健最重要的不是以上的单糖、寡糖和多糖, 而是茶叶复合多糖。茶叶复合多糖一般称为茶多糖TPS (Tea polysaccharide), 是一类与蛋白质结合在一起的酸性多糖或酸性糖蛋白。茶多糖以单糖为基本组成单位, 由于茶叶单糖存在多个羟基, 容易被多种物质取代, 因此茶多糖的组成复杂, 茶多糖的组成和含量因茶树品种、茶园管理水平、采摘季节、原料老嫩及加工工艺的不同而异。

对于茶叶的保健功效我们只对茶多糖展开讨论。

(二)吸收和代谢

茶多糖是颜色为灰白色、浅黄色至灰褐色的固体粉末, 随干燥时温度的提高而色泽加深, 茶多糖水溶液也随碱性增加而颜色加深, 并有丝状沉淀产生。茶多糖主要为水溶性多糖, 易溶于热水, 但不溶于高浓度的有机溶剂。茶多糖热稳定性较差, 高温下容易丧失活性; 高温、过酸或偏碱条件下, 会使多糖部分降解。

(三)保健功效

茶多糖有显著的降血糖功效, 可以辅助治疗糖尿病。糖尿病本质上是血糖的来源和去路间失去正常状态下的动态平衡, 一方面, 葡萄糖生成增多, 另一方面, 机体对糖的利用减弱, 从而引起血糖浓度过高及血尿。糖尿病在我国古代被称为"热渴症", 中医早就有粗老茶治疗热渴症的记录。在中国和日本民间, 常有用粗老茶治疗糖尿病的经验。我国早在20世纪80年代, 就有用中西医结合茶叶治疗糖尿病且有效率达70%的报道。日本的临床观察表明, 用茶树老叶制成的淡

茶 (30年以上树龄) 或酽茶 (100年以上树龄) , 给慢性糖尿病患者饮用 (1.5g茶叶, 40毫升沸水冲泡, 每日3次) , 可使尿糖减少, 症状减轻直至恢复健康。

茶多糖能通过调节血液中的胆固醇以及脂肪的浓度, 起到预防高血脂、动脉硬化的作用。研究表明, 茶多糖能增强肝脏对胆固醇的分解消化。茶多糖能与脂蛋白酯酶结合, 促进动脉壁脂蛋白酯酶进入血液, 从而起到抗动脉粥样硬化的作用。

除以上功效外, 茶多糖还有以下保健功效: 茶多糖可以提高人体抗氧化酶的活性, 起到抗氧化的效果。茶多糖能降低血糖、胆固醇及甘油酯, 因此, 对调节人体免疫机能有特殊意义。茶多糖有降血压和保护心血管的作用, 有明显的抗辐射伤害及明显的造血功能保护作用。茶多糖可以预防长时间、低剂量的辐射对人体造成的危害。

五 香气物质（VFC）

（一）基本特点

茶叶中的芳香物质亦称 "挥发性香气组分 (VFC) ", 是茶叶中易挥发性物质的总称。茶叶香气是决定茶叶品质的重要因子之一。所谓茶香实际上是不同芳香物质以不同浓度组合, 并对嗅觉神经综合作用所形成的茶叶特有的香型。

（二）保健功效

人体试验发现, 茶叶的香气成分被吸入体内后, 会引起脑波的变化、神经传达物质与其受体的亲和性的变化以及血压的变化等。不同成分会引起大脑的不同反应，有的为兴奋作用，有的为镇静作用 (周红杰, 2007)。

到目前为止，茶叶中已发现600多种芳香物质，其不仅是形成茶叶风味特征的重要组成部分，而且关于它的生理作用 (对茶树体本身及被饮用的对象的作用) 也已引起了相关领域的重视，并开始有了关于茶叶香气可以调节精神状态、抗菌、消炎，可能有益于生理代谢等论述。但是，当前这方面在茶叶中的研究力度还不够，而在其他香料物质中研究得比较多，也比较深入 (宛晓春, 2003)。随着对受人欢迎的天然物质的治疗作用的探讨，以及它们使躺在病床上的病人进行自我治疗成为可能，芳香疗法正日益普及起来，对茶叶中芳香物质的应用也逐步深入和增加。

第三节 | **白茶的保健功效**

　　大量的研究认为，饮茶可预防人体的许多疾病，并有一定的治疗作用，包括益思提神、明目、抗氧化、预防衰老、杀菌抗病毒、提高肠道免疫力、坚齿防龋、增加白细胞数量、降血压、降血脂、降低胆固醇、减肥、预防心血管疾病、消食助消化、利尿解毒、降血糖、防辐射、抗过敏、抗溃疡、保护肝脏、抗癌、抗突变和预防人体神经退化性疾病等。但对茶叶应有一个正确的定位，茶不是"药"，而是一种对人体有生理调节作用的功能性食品，通过饮茶可以提高人体对疾病的免疫力，可以预防许多对人体有很大威胁性的疾病且有一定的治疗效果 (陈宗懋, 2009)。

　　白茶独特的生产工艺为白茶的保健功效奠定了物质基础，应用茶的药用价值已具有悠久的历史，从太姥娘娘用白茶治愈小孩麻疹的传说，到毛义梦获"鲫鱼配新茶"救母仙方的神话，从民间采用白茶降火清热，到国外采用白茶美白抗皱，白茶因其独特的健康功效而越来越受到国内外消费者的青睐。

茶叶专家骆少君一直呼吁重视白茶的保健功效，她说："不仅美国，瑞典斯德哥尔摩医学研究中心通过实验证明白茶杀菌和消除自由基作用很强，30年前我就极力推介白茶，今天更要大声呼吁。""白茶在福建茶区、华北地区都被作为具有清热解毒、消炎、解暑等功效的良药，所以古人云'功同犀角'。其实白茶的许多保健养生作用犹如野山参，还可以提高人体的免疫功能。储藏5~15年的白茶效果更好，其有效功能性成分，如黄酮、茶氨酸、茶多糖、茶碱的含量更高，香气独特，玫瑰花香尤其显露，所以古今中外有不少人喜欢收藏白茶。"

● 一 抗氧化和抗突变的作用

白茶只经过萎凋、干燥两道工序，未受到剧烈的机械损伤和热的破坏，本身的自由基含量在六大基本茶类中最低。茶叶中的茶多酚具有很强的抗氧化作用和清除自由基的功效。研究表明，茶多酚的抗氧化性明显优于维生素E、维生素C，且对维生素C、维生素E有增效作用，具有明显的抗衰老的作用。白茶鲜叶原料中的多类化合物含量较高，经过加工后，尽管发生了儿茶素的异构化，但对抗氧化活性和生物利用性并不会有明显的影响（陈椽，1987）。王刚等（2009）对绿茶和白茶的抗突变特性进行了比较研究，结果表明绿茶和白茶的乙醇提取物对致突变物具有一定的抑制作用，且白茶的抗突变效果优于绿茶。英国科学家塔姆辛·S.A.思林、保利娜·希利和德克兰·P.诺顿使用包括白茶、绿茶在内的21类（23种）植物提取物进行了抗氧化特性研究，其中许多植物是在化妆品中常见的配方成分（如玫瑰、薰衣草和金缕梅），实验揭示了21类（23种）提取物的抗氧化活性，其中白茶的抗氧化活性最高。

◌ 二 杀菌和抗病毒的作用

茶叶中含有丰富的茶多酚和茶色素，具有杀菌消炎作用。如果茶多酚和维生素C协同"作战"，其消炎效果更佳。此外，茶叶中的水杨酸、苯甲酸和香豆酸也有杀菌消炎作用。实验证明，茶叶中的儿茶素和茶黄素等多酚类物质与病毒蛋白相结合，对大肠杆菌、葡萄球菌以及病毒都有抑制作用，从而降低病毒活性（王宏树等，1994）。白茶能比绿茶更有效地抑制细菌病毒。研究表明，白茶提取物可能对人类致病病毒具有抵抗效果。添加了白茶提取物的各种牙膏，杀菌效果得到增强。研究还显示，白茶提取物对青霉菌和酵母菌具有抗真菌效果。在白茶提取物的作用下，青霉菌孢子和酵母菌的酵母细胞被完全抑制。研究发现，茶叶浸剂或煎剂，对各种痢疾杆菌皆有抗菌作用，其抑菌效果与黄连不相上下。其中白、绿茶的抗菌效果大于红茶。茶叶含有较多的茶多酚类和黄酮类物质，对伤寒杆菌、痢疾杆菌、金黄色葡萄球菌、伤寒沙门氏菌、霍乱弧菌等的生长均有一定的抑制作用。同时，茶多酚的收敛作用还具有沉淀蛋白质的功效，细菌蛋白质遇到茶多酚后，即凝聚而失活性。故而，饮茶对治疗痢疾有一定效果（白茗，2003）。

白毫银针和白牡丹的杀菌消炎、抗病毒效果比较明显，10年以上的白毫银针和白牡丹煮饮可以明显缓解上火或炎症引起的牙痛或嗓子疼痛。

◌ 三 增强机体免疫力的作用

长期正确地饮用白茶能使血液免疫细胞干扰素分泌量提高5倍，从而能更大地提高抵御外界侵害的能力（蔡良绥，2003）。白茶能增强机体的调节机能，其所含的维生素C和B族维生素等，是人体所必需的营养素，对于提高人体的免疫功能大有裨益（白茗，2003）。

四 保护心血管系统的作用

茶叶中的咖啡因能舒张血管, 加快呼吸, 降低血脂。茶多酚能降低毛细血管透性, 增强毛细血管作用。而白茶中的黄酮类化合物在加工过程中较好地保留了槲皮素, 它是维生素P的重要组成部分, 也具有明显地降低血管通透性的作用 (陈宗懋, 2004)。白茶含有丰富的茶多酚、维生素C和维生素P。茶多酚能促进维生素C的吸收。维生素C可使胆固醇从动脉壁移至肝脏, 降低血液中的胆固醇浓度, 同时可以增强血管的弹性和渗透能力。血脂的降低对防治冠心病、高血压病有较好的作用。白茶还含有芦丁, 有利于提高微血管弹性, 预防血压升高而溢血。饮白茶不但可以降压, 还可以预防脑出血、动脉硬化和血栓形成 (白茗, 2003)。

五 抗癌作用

茶具有抑制致癌变异源和癌细胞生成、抗辐射损伤和保护血象的作用 (陈可冀, 1989)。据美国癌症研究基金会的研究资料表明, 白茶是一种新的抗癌物质, 能不断抑制、缩小肝癌的肿块, 提高人体免疫功能。美国佩斯大学进行的最新研究表明, 白茶提取物对导致葡萄球菌感染、链球菌感染、肺炎等的细菌生长具有预防作用。另外, 茶叶中的脂多糖对增强机体非特异性免疫能力也有很大作用, 对抗癌无疑有益。其次, 茶叶中的锌也具有抗癌、抗衰老的作用 (王宏树等, 1994)。

六 调节血糖水平

　　白茶的贡眉和寿眉老茶经过存放后有明显的降血糖功效，尤其是采用日晒萎凋工艺，存放10年以上的老茶，降糖效果显著，若饮用过量在短时间之内就会出现低血糖的症状，且在停止饮用后20~30分钟达到最低点。老贡眉和老寿眉的饮用一定要适度，不可过量，如出现低血糖现象要马上吃糖类、巧克力或其他食物补充热量。笔者有几个朋友的血糖和血脂偏高，在坚持饮用白茶一年后血糖和血脂都恢复了正常水平，算是生活中的"活案例"。白毫银针由于原料细嫩，降血糖效果不明显。

七 抗辐射作用

　　关于茶叶的防辐射作用最早发现于日本。广岛原子弹爆炸的幸存者中，凡常饮茶者其体质状况、白细胞指标以及寿命都明显优于不饮茶者或少饮茶者（袁弟顺，2006）。白茶中含有防辐射物质，对人体的造血机能有显著的保护作用，能减少电视辐射的危害（蔡良绥，2002）。

第六章

白茶品鉴与选购

或以光黑平正言嘉者，斯鉴之下也。以皱黄坳垤言嘉者，鉴之次也。若皆言嘉及皆言不嘉者，鉴之上也。何者？出膏者光，含膏者皱；宿制者则黑，日成者则黄；蒸压则平正，纵之则坳垤。此茶与草木叶一也。茶之否臧，存于口诀。

——唐·陆羽《茶经》

白茶的品鉴和选购一直都是困扰茶友的一个难题，本章结合茶叶专业审评的"八项因子审评法"，对白毫银针、白牡丹、贡眉、寿眉及新工艺白茶的品鉴做出指导，同时对白茶的日常选购从心理、策略及技能等各方面给予详细的建议，希望对大家的白茶品鉴和选购有所帮助。

第一节 | 茶叶品质鉴别发展史

茶叶审评随着茶类的产生而产生，历史悠久。唐代陆羽在所著《茶经》的《六之饮》中把"别"列为"九难"之一，"别"即茶叶品质鉴别，并在《三之造》中提出"或以光黑平正言嘉者，斯鉴之下也。以皱黄坳垤言嘉者，鉴之次也。若皆言嘉及皆言不嘉者，鉴之上也。何者？出膏者光，含膏者皱；宿制者则黑，日成者则黄；蒸压则平正，纵之则坳垤。此茶与草木叶一也。"陆羽认为，重外形而轻内质，这种评茶技术最差。偏重内质，不顾外形，这种评茶技术也不好。评茶应重内质，兼顾外形，要外形内质兼评，这才是最好的评茶技术。不能只看到外形、内质上的一两个因子，就轻下评语。这就为茶叶品质鉴别提出了全面鉴别的核心思想，对唐以后的茶叶品质鉴别有深远影响。

陆羽又说"茶之否臧，存于口诀"，说明在唐代已经有关于茶叶品质鉴别的方法。遗憾的是陆羽在《茶经》中没有记录茶叶品质鉴别的口诀。从唐宋以来的茶书来看，对茶叶品质鉴别技术讲得也不多或很玄，还不如《茶经》说得具体。

到了宋代，茶叶品质鉴别有了进一步的发展，蔡襄的《茶录》和赵佶的《大观茶论》中都对茶叶品质鉴别提出了自己的看法，虽然在鉴别方法上有些不同，但都提出从"色、香、味"三个方面对茶叶进行全方位的鉴别，这与今天的茶叶鉴别维度基本一致。针对当时往茶饼中添加香料提高茶叶香气的现象，两人都提出"茶有真香"，反对往茶饼中添加香料。对于滋味的鉴别论述得也较为详细，都提出茶味应以"甘滑"为主要口感指标。

自宋代以后，茶叶的品质鉴别技术并无多大进展，直到17世纪中国茶叶出口到欧洲，茶叶品质的鉴别技术才有了实质性的发展。为了便于进行交易，逐

茸毫如银似雪的老白毫银针

步采用了各种定型的鉴别用具，并有表达一定品质特点或优缺点的术语。今天，茶叶品质鉴别已经产生一套以感觉器官为主体的规范方法，我们称之为感官审评法。感官审评法运用嗅觉、味觉、视觉、触觉，通过审评茶叶的外形、汤色、香气、滋味、叶底五个方面对茶叶的高低优次做出评价。这种感官审评方法因为对外形、汤色、香气、滋味、叶底这五个方面，进行了全面审评，因此也被称为"五项因子审评法"。如果把外形细分为"条索、整碎、净度、色泽"四个方面，也可将此审评法称为"八项因子审评法"。"五项因子审评法"和"八项因子审评法"的实质是相同的，都是对茶叶进行全面的审评。人的感觉器官受先天遗传和生活习惯的影响，差异较大，为了降低人的感觉器官对茶叶审评的影响，感官审评法通过建立严格的审评规范、制作专用的审评器具、建立标准的审评室来降低感官审评的主观性，尽量让审评结果客观准确。虽然感官审评有局限性，但是仍然被长期沿用不废，虽然受科学技术的限制，但感官审评确实具有简单、快速、实用的优点，在未来相当长的时间里还会被继续沿用。消费者不是专业的审评人员，对于茶叶的鉴别水平也参差不齐，但对于茶叶的品质鉴别仍然应该从外形、汤色、香气、滋味、叶底五个方面进行全方位的鉴别。

第二节 | **白茶品质鉴别方法——感官审评法**

　　感官审评法是中国茶叶界普遍运用的茶叶品质鉴别方法，白茶可以用感官审评法进行品质鉴别。为准确表述感官审评法的精髓，我们以专业审评的"八项因子审评法"进行冲泡，以节省时间，提高效率。白茶的专业审评技术难度较大，与我们日常茶叶冲泡有所区别，本节只进行简单常识性介绍，如果对专业审评感兴趣，可以到专业的审评机构去学习专业评茶。茶友一般没有专业的审评室和审评器具，但可以在日常白茶鉴别时借鉴本方法，从八项因子出发，对白茶进行全面审评鉴别，不必过于拘泥审评器具的形式和环境。同时，可以通过长时间的品饮白茶，总结出适合自己特点的白茶鉴别方法。

● 一 感官审评法目的

　　更准确、更高效地审评白茶，便于产品流通。

❧ 二 感官审评法要求

评茶必须在规定的条件下进行, 审评室、评茶设备与用具要求规范化, 以保证审评结果的准确性。

（一）审评室外部条件要求

审评室应建立在干燥、安静、无异杂味的场所。

（二）审评室内部条件要求

1.室内要求干燥整洁, 空气清新、无异味。

2.环境安静, 噪声不超过50dB。

3.房屋朝向应坐南朝北, 北向开窗采光, 因为北面射进的光线变化小而均匀, 可使审评台光线均匀一致。在光线昏暗时应有辅助照明设施, 并能保证充足照度 (干评台不低于1000lx, 湿评台不低于750lx)。

4.室内墙壁呈白色, 天花板白色或接近白色, 地面为浅灰或较深灰色。

5.应使室内温、湿度控制在人体舒适的范围, 有条件的可以安装空调来调节温、湿度。

6.评茶用水可以使用新鲜的自来水或地表水, 其理化卫生指标应符合《生活饮用水卫生标准》的规定, 有条件的可装净水器。

7.忌与食堂、化验室、卫生间等邻近, 不得有异味。

（三）评茶设备

1.干评台: 用于审评茶叶外形, 包括干茶的条索、整碎、净度和色泽, 置于北面特制采光窗下, 长度可根据审评室实地情况而定, 台面黑色。

2.湿评台：一般放置在干评台的后方，用以放置审评杯和泡茶开汤，审评茶叶的内质，包括嗅香气、尝滋味、看汤色和叶底，台面白色。

3.样茶柜或样茶架：在评茶室内应配备足够数量的样茶柜或样茶架，用以存放样茶罐。样茶柜或样茶架一般都安置在评茶室的周围，其规格大小视评茶室的大小情况来定，样茶柜或样茶架的颜色应与墙壁的颜色相同。

4.水斗：评茶室应设有水斗，用以洗涤茶具。

（四）审评器具

评茶用具通常有审评盘、审评杯、审评碗、叶底盘、称量器、计时器、漏网、茶匙、汤杯、吐茶桶和烧水壶等。

1.审评盘：亦称样茶盘或样盘，用于审评茶叶外形，由薄木板或塑料制成。其形状有正方形和长方形，一般为白色，盘的一角留有缺口，便于倒茶。

2.审评杯：开汤审评时，用以冲泡茶叶和审评茶叶的香气，瓷质白色。白茶审评杯要求的容积为150毫升。

3.审评碗：用来审评茶汤汤色和滋味的用具，白茶审评碗的容积为250毫升。

4.叶底盘：叶底盘是用来审评茶叶叶底的黑色小木盘，有正方形和长方形两种。此外，也可用长方形或圆形的白色搪瓷盘盛清水漂看叶底。

5.称量器：用来称量茶叶，用天平或精确到0.1克的电子秤都可以。

6.计时器：用来记录冲泡茶叶的时间，用电子计时器和沙漏都可以。

7.漏网：用细密铜丝网制成，用以捞取审评碗内浸泡液的碎片茶渣。

8.茶匙：一般为纯白色瓷匙，用于取茶汤评滋味。

9.汤杯：用于盛放茶匙、漏网，使用时盛有白开水。

审评盘

审评杯

审评碗

叶底盘

称量器

计时器

漏网

茶匙与汤杯

吐茶桶

烧水壶

10.吐茶桶：用以吐茶及盛装已泡过的茶叶渣滓。

11.烧水壶：用来烧开水冲泡茶叶。

三 审评注意事项

1.评茶前不吃油腻、辛辣、含糖食品。

2.不涂擦有芳香气味的化妆品。

3.评茶过程中应经常用清水漱口，以清除口腔杂味及茶味。

4.评茶持续2小时以上，应稍事休息，以消除感官疲劳。

四 审评方法

（一）审评前的准备工作

1.给需要审评的白茶编号，用记号笔标记在审评盘、审评杯和审评碗的相应部位上。

2.调试称量器和计时器，把称量器调到3克备用，把计时器调到5分钟备用。

3.用开水清理审评杯、审评碗和汤杯。

（二）审评步骤

干茶审评

(1) 把盘：把盘俗称摇样匾或摇样盘，是评干茶外形的首要操作步骤。评

调试称量器

调试计时器

审评盘编号

审评杯编号

审评碗编号

茶人员双手握住评茶盘的对角边沿，右手大拇指的后半部堵住评茶盘一角的缺口，运用手势前后、左右、上下回旋转动，使评茶盘里的茶叶能按照茶叶的形状和轻重呈现出有序的排列，即评茶人员通常所讲的上中下三层分布。一般来说，条索或颗粒比较粗松的，形状比较长大，身骨比较轻飘的茶叶浮在表面，叫面张茶或上段茶；细紧重实的茶叶集中于中层，叫中段茶，俗称腰档或肚货；体型较小的碎茶、片茶和末茶都沉积于底层，叫下段茶或下身茶。

注：白茶没有经过揉捻，把盘难度较大，要确保上、中、下段茶分清楚，否则会严重影响干茶外形的审评结果。

(2) 茶叶外形审评：对已经把盘后的分层茶样进行分析，先看上段茶，次看中段茶，再看下段茶。干看主要是从外形的四项因子即条索、整碎、净度和色泽四个方面进行审评。

①条索："条索"一词不能仅仅理解为条形茶，而要从广义上去理解。其内容是指各种类型茶叶的外形规格，指茶叶的大小、长短、粗细、轻重。白茶是六大茶类中唯一没有揉捻的茶类，且白毫银针、白牡丹、贡眉、寿眉及新工艺白茶的外形差异较大，通过对茶叶条索的评比，就可以了解白茶鲜叶的老嫩、制茶人员的技术高低、茶叶的季节等信息。

②整碎：茶叶的整碎是指茶叶个体的大小、长短和粗细是否均匀，整碎的好坏要视茶叶的整体感觉。茶叶的整碎反映了茶叶生产、精制、拼配、包装的各环节信息。白茶的整碎受精制和装箱影响较大，过量装箱的白茶往往断碎严重，外形大为下降，如装箱重量合理，白茶的外形完整，表现品类特征明显。

③净度：茶叶的净度主要是指茶叶中茶类夹杂物 (主要是指梗、籽、朴、片等) 和非茶类夹杂物 (主要是指杂草、树叶、泥沙、石子等) 含量的多少。夹杂物

含量多, 说明净度差; 反之, 夹杂物含量少, 就说明净度好。非茶类夹杂物含量多, 还说明茶叶的卫生质量差。

④色泽: 茶叶外形的色泽主要是从茶叶本身的颜色和光泽度来看, 色泽好的茶叶给人一种鲜活的感觉。色泽差的茶叶, 看上去带有一种枯死的感觉。无光泽, 呈暗灰色。

总之, 评论一盘茶叶外形的好坏, 不能单从某一项因子来看, 而要从四项因子综合评比, 才能得出比较客观、正确的总体结论。

内质审评

(1) 取样

拇指、食指、中指三个手指插到审评盘底部, 确保上、中、下三段茶都取到。如果上、中、下三段茶有未取到的部分, 会大大影响审评结果。

(2) 称重

准确称量3克, 要求一次取准, 如果过量不允许在称量器上调整, 要重新把盘称量; 如果一次没有取够3克, 不允许二次添加, 也要重新把盘称量。

(3) 冲泡

把称好的白茶倒入审评杯中, 用100度开水注入杯中, 注满后盖严杯盖。

(4) 计时

第一杯审评杯注满水后开始计时。

(5) 出汤

5分钟后, 将茶水从审评杯中倒入审评碗, 待茶水流干后将审评杯取下即可进行内质审评。值得注意的是, 应将杯中的茶汤滤尽, 因为最后的几滴茶汤浓度较高，如果不滤尽，将直接影响到茶汤的浓度，造成错误的审评结果。

(6) 看汤色

汤色是指茶汤的颜色，即茶叶中内含成分溶解在沸水中，溶液所呈现的色泽。汤色变化最快，内质审评先看汤色。看汤色要快速，因为茶汤中的化学成分和空气接触后，很容易发生变化，而使茶汤颜色变深，所以评茶人员应把看汤色放在嗅香气之前完成。看汤色时要从茶汤的颜色、清澈度、亮度等方面进行审评。茶汤所呈现的颜色与茶树品种、生长环境、鲜叶老嫩、茶叶新陈以及加工方法等关系密切。光线的强弱、评茶碗的规格、容量大小、排列位置、沉淀物的多少和冲泡时间的长短都会对茶汤的颜色造成影响。茶汤的"清澈度"是指茶汤的清澈程度，品质好的茶汤都是清澈透明，而混浊的茶汤则是质量不佳的表现。所谓"亮度"，是指茶汤明暗的程度。一般品质好的茶叶，汤色较为明亮，品质差的茶叶，汤色则较暗。白茶汤色的清澈度和亮度在六大茶类中具有明显优势，工艺到位的白茶汤色基本都是清澈明亮，如果白茶的汤色浑浊，可以直接凭借汤色断定其为劣质茶。

(7) 闻香气

将审评杯打开小口，对香气从纯净度、香型、持久度等方面进行审评。闻香气可以分为热嗅、温嗅和冷嗅三次进行。热嗅主要是审评茶叶的纯净度，凡是有烟、焦、酸、馊、霉及其他不应有的异杂气味的均为低劣。热嗅时应注意，茶杯不应过于靠近鼻孔，杯中散发的热气易烫伤鼻子，损坏感觉器官，影响审评结果的准确性。温嗅是嗅香的最佳时期，此时香气表现较为丰富，人的嗅觉器官在温嗅时也最灵敏，评茶人员必须抓紧时间审评，香气的香型、浓度、层次判定主要是在这个阶段完成。冷嗅是嗅香气的持久性，一般好的茶叶，香气维持时间长一些，差的茶叶或低档茶叶冷嗅多为粗老气。总之，茶叶的香气以纯净、清幽、馥郁、持久为好，低而粗为差，有异味的茶叶为劣质茶叶。白茶的老茶鉴别在闻香气时应特别注意，除应有的陈香陈韵外，有异杂味的老茶为劣质茶，已失去品饮的价值。有些南方存放的老白茶会有南方存放特有的水闷味，属于正常味道，可以饮用。

(8) 尝滋味

将茶匙放入审评碗中，品尝茶汤的滋味。不同种类、不同花色、不同产区的茶叶，滋味各不相同。因此，茶叶滋味与茶树品种、生长环境、生长季节以及加工工艺都有着密切的关系。味感有酸、甜、苦、辣、涩、咸及金属味等。品尝茶汤滋味的适宜温度一般在50摄氏度左右，如果茶汤温度太高，易烫坏评茶人员的味觉器官，使之麻木，不能正常品味；如果茶汤温度太低，影响味觉的灵敏度。茶汤中的物质会随着温度的下降逐步被析出，汤味也会由协调变得不协调。审评茶汤的滋味主要按浓淡、强弱、鲜滞、爽涩、苦甜及纯异等来评定优次。白茶没有经过揉捻，虽经过5分钟的浸泡，仍没有明显的苦涩，茶叶中的物质仍然较为丰富，审评时应该与其他五大茶类区分。在陈年老茶的审评时，应该重点关注纯净度，如果出现异杂味则说明茶叶已经变质，失去品饮价值。

(9) 看叶底

将茶渣倒入叶底盘，从色泽、嫩度、匀度、整碎、软硬等方面进行审评。叶底即开汤后的茶渣，是通过评茶人员的视觉和触觉来区别的，是评茶不可缺少的一个环节。叶底的审评就像人体解剖，茶叶的所有信息都会在叶底中有所表现，经验丰富的审评人员凭借对叶底的观察和判断可以获取茶叶的大量信息，甚至仅凭叶底也可以对茶叶进行判断。

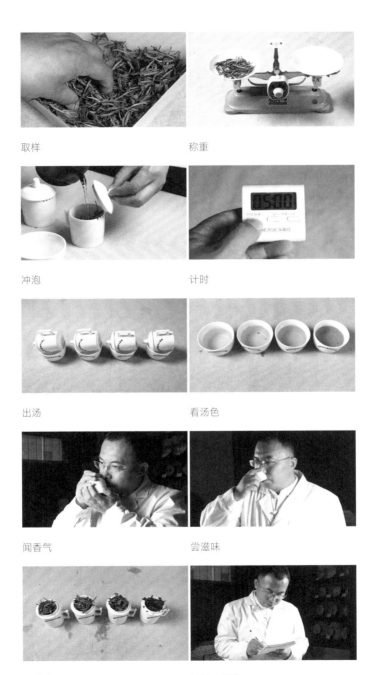

取样　　　　　　　　称重

冲泡　　　　　　　　计时

出汤　　　　　　　　看汤色

闻香气　　　　　　　尝滋味

看叶底　　　　　　　记录、评分

注：香气和滋味是审评中最重要的两个方面，应重点审评。如果审评的茶叶较多，建议用专业的审评表进行评分，并用审评术语进行详细记录。

审评叶底时，先将叶底全部倒入叶底盘中，拌匀、铺开、掀平，观察其嫩度、匀度和色泽。用手指按掀叶底，感受叶张的软硬，观察叶张的厚薄和完整性，芽头和嫩叶的含量等。必要时将叶底漂在水中观察分析，从而判定茶叶的优次。

总而言之，茶叶品质的审评一般是通过上述的外形审评和内质审评来综合观察评定的。实践也充分说明，仅审评茶叶的某一项因子或某几项因子，是不能正确反映茶叶品质的。因为茶叶的每个审评因子之间都有着密切的关系，不是单独形成和孤立存在的。

第三节 | **白茶品质鉴别**

　　白毫银针、白牡丹、贡眉、寿眉及新工艺白茶虽都为白茶，但差异较大，要想全方位、准确客观地对每个品种进行鉴别，还需要全方位地进行品鉴。我们把最方便实用的感官审评法运用在白茶的品鉴中，从条索、整碎、净度、色泽、汤色、香气、滋味、叶底八个方面去全方位品鉴各品类白茶，希望对茶友的白茶品鉴有所帮助。

一 白毫银针品质鉴别

　　干茶条索：白毫银针要求芽头肥壮，茸毫明显，头轮白毫银针锋苗苍劲有力、生机勃勃，二轮白毫银针相对较为瘦长，而夏秋茶芽瘦小，一般不会用来制作白毫银针。荒野茶的白毫银针由于产量稀少，非常珍贵，外形较茶园的白毫银针更加肥壮，有的呈现"笋形"。直接采摘芽头制作的银针外形肥壮短胖，较为紧实；而采用"剥针"工艺采摘的银针欠紧实，一般会有小梗，在当地也被称作"针脚"。清明前采摘的银针较为紧实，而清明后采摘的银针一般欠紧实。白毫银针应外形挺直，萎凋中如果频繁翻动会使白毫银针弯曲。

干茶整碎：白毫银针是使用单芽制作的品类，这时原料的内含物质还没有达到最丰富，单芽的采摘费时费工，生产效率并不高，一般只有春茶可以用来制作银针，顶级的银针必须用头轮的肥壮茶芽制作，产量有限。白毫银针作为白茶的代表，主要是因为色、香、味、形全方位的品质表现，而"形"即外形，所占的比例很大，所以对白毫银针外形完整的要求高于白茶其他品类。白毫银针要求芽形完整、锋苗挺拔，锋苗断碎会大大降低白毫银针的等级。同年份同等级的白毫银针饼茶与散茶的价值不可同日而语，价值差异巨大。

干茶净度：精制过的白毫银针外形匀整、色泽一致，鱼叶、鳞片等茶类夹杂物拣挑得很干净，杂草、竹叶等非茶类夹杂物基本不存在。而没有精制过的白毫银针会有夹杂物存在，有时有一芽一叶的原料混杂。

干茶色泽：做工精湛的白毫银针色泽鲜活、颜色如银似雪，萎凋不足的白毫银针颜色翠绿，萎凋过度或堆积时间过长的白毫银针色泽灰暗。随着陈化时间的加长，白毫银针茸毫不但不会变成红色或黑色，而是逐渐直立变得越来越明显，但有些白毫银针经过反复摩擦后茸毫会大量脱落，露出茶芽红褐的本色，要与茸毫变成红褐色区分清楚：茸毫变成红褐色是不正常的颜色，而茶芽本身红褐、茸毫银白是正常的表现。一般来讲，南方存放的白毫银针色泽较暗、颜色灰白，北方存放的白毫银针色泽鲜活、颜色如银似雪，只可惜北方存放的白毫银针数量少之又少。

干茶香气：萎凋适度的白毫银针有淡淡毫香，新茶会有淡淡清香，略微有青草气；萎凋不足的白毫银针青草气明显；经高温干燥的白毫银针毫香显著，但饮后口腔、嗓子都干燥；萎凋或堆积过度的白毫银针香气欠清纯，有水闷味。随着陈化时间加长，白毫银针毫香越来越明显，10年以上的有淡淡甜香，保存不好的白毫银针会有杂味，如果沥泡时经过洗茶杂味消失，说明是环境中的味道附着在茶叶表面，虽有轻微异杂味，但可以饮用，而经过洗茶仍然存在异杂味则说明茶叶已经变质，不再适合饮用。

汤色：白毫银针沥泡后汤色依年份的增加呈现淡黄色、杏黄色、深黄色等不同颜色，但汤色应清澈明亮，汤色不清澈或不够透亮都是品质不良的表现。

香气：白毫银针沥泡后香气应无异杂味，新茶淡淡清香与毫香兼具，略有青草气；老银针沥泡后明显毫香与淡淡甜香兼具，有的有轻微杏仁香。白毫银针第一泡香气明显，随着沥泡次数增加，香气渐渐减弱，一般五六泡以后毫香渐弱。

滋味：萎凋适度的白毫银针沥泡后滋味鲜爽甘醇，有淡淡毫香，如果做工精湛可有淡淡花香，一般可沥泡10泡以上。萎凋不足的白毫银针青草气明显，甚至有绿茶的豆香，口感有明显苦涩味，不耐沥泡。萎凋过度的白毫银针口感粗淡，一般有杂味伴随，不耐沥泡。老银针毫香蜜韵兼具，口感顺滑，回甘生津明显，前几泡毫香明显，经过五六泡后有轻微杏仁香，较耐沥泡，一般10泡以上仍甜爽甘醇。白毫银针为单芽制作，所以茶汤细腻，汤感较强，甜爽度高。

叶底（茶渣）：白毫银针茶芽充分吸水变得肥壮挺拔，外形匀齐，色泽依年份增加呈现嫩绿微黄、深黄微褐等颜色，颜色鲜活，摸之柔软而富有弹性。如果芽头出现芽尖、芽蒂微红的叶底是工艺不完美的表现，如果芽头整体呈现红色、黑色等颜色，是茶叶品质不良的表现。芽头紧抱表明茶芽采摘较早，芽头松散表明茶芽采摘较晚，如出现鱼叶和鳞片等夹杂物，说明银针没有经过精制。

1 年白毫银针干茶、汤色、叶底

3 年白毫银针干茶、汤色、叶底

7 年白毫银针干茶、汤色、叶底

15 年白毫银针干茶、汤色、叶底

注：汤色为投茶 3 克，注开水 150 毫升，浸泡 5 分钟所呈现的汤色，供参考使用，投茶量、水温、浸泡时间、拍摄都会影响汤色。

白毫银针的生津

值得一提的是，品茶的回甘生津一般有两颊生津、舌面生津、舌底生津三种。两颊生津是较为粗放且急促的生津，一般的茗茶只要制作工艺精湛都可以有两颊生津的感觉，三年左右的白毫银针一般都可达到两颊生津的效果。在茶汤经过口腔吞咽后，口内唾液徐徐分泌出来，但不像两颊生津那样急促强烈，感觉柔和舒顺，接着会觉得舌头上面非常湿润柔滑，好像在不断地分泌出唾液，然后流到舌头两边口腔，这种感觉叫舌面生津。舌面生津较两颊生津更为少见。舌面生津除了生津解渴、舒畅的生理感受之外，品茗意境要比两颊生津更高一筹，五到七年的白毫银针一般可以达到舌面生津的感觉。由两颊生津的野性霸气、急促粗糙，转入到舌面生津那种温和娇柔、缓和细致，完全表现出老银针特有的魅力。茶汤经过口腔接触到舌头底部，舌头底面会缓缓生津，细腻而持久，如泉水般阵阵涌出，是品茗的至美享受，这种感觉叫舌底生津，有人形象地形容这种感觉为"舌底鸣泉"。一般工艺精湛、保存完好，陈化十年以上的白毫银针会出现这种感受。

二 白牡丹品质鉴别

干茶条索：白牡丹采用一芽一叶、一芽二叶制作，原料外观差异较大。由于各产区及茶农采摘方法不一样，采摘标准不统一，一般会给分级带来难度，通过白牡丹的含芽率来分级是较为容易的方法。在品种、产区含芽率相同的情况下，芽头肥壮的白牡丹等级应高于芽头瘦小的白牡丹。对于由品种原因造成的外形差异要进行排除，不同品种之间外形比较没有意义，例如：福鼎大白茶一芽三叶百芽重63克，福鼎大毫茶一芽三叶百芽重104克，而菜茶的百芽重量要远远低于大白的重量，外观也有很大差异。工艺完美的白牡丹应叶缘垂卷，整体平直，呈现自然舒展的外形。外形弯曲，叶有褶皱主要是萎凋中频繁翻动造成的，或者为萎凋槽制作。大白制作的白牡丹芽头肥壮，叶片肥厚，叶形椭圆；菜茶制作的白牡丹芽头瘦小，叶薄且瘦长，干茶抓起来较柔软。

干茶整碎：白牡丹芽叶梗连枝，完整的白牡丹嫩叶抱芽，美感十足，由于没有揉捻，较易出现断碎，断碎后的白牡丹外形美感大大降低，断碎严重的白牡丹较易出现苦涩，口感也受到影响。近几年生产的白牡丹一般都会保证完整的外形，但老牡丹多为早年生产，为了节省空间，装箱重量大，外形完整的较少，往往断碎严重，对于外形完整的老牡丹要格外珍惜。

干茶净度：白牡丹的原料差异较大，一般来讲，原料嫩度越好净度越高，一芽二叶的白牡丹有时挑拣不够细致会有竹叶等夹杂物。

干茶色泽：萎凋适度的白牡丹新茶芽色银白，叶面褐绿，叶背茸毛密布，有"青天白地"之称，工艺精湛的白牡丹，叶缘微卷，叶脉微红，有"红装素裹"的美感。萎凋过度的白牡丹叶色黑褐，芽色灰白，有的甚至叶色微红；萎凋不足的白牡丹芽色白度欠佳，叶色暗绿，如果萎凋前期嫩叶失水太快，白牡丹叶色枯黄，光泽度差。经过存放的白牡丹芽色越来越白，看起来比新茶更显毫，叶色渐渐变成铁褐色、褐红色，但整体光润鲜活。大白和菜茶品种制作的白牡丹芽白叶色褐绿，水仙制作的白牡丹颜色褐绿与褐红兼具。

干茶香气：萎凋适度的白牡丹有淡淡清香，略微有青草气，牡丹王有淡淡毫香，荒野白牡丹香气明显；萎凋不足的白牡丹青草气明显；经高温干燥的白牡丹茶香明显，但饮后口腔、嗓子都干燥；萎凋或堆积过度的白牡丹香气欠清纯，有水闷味。随着陈化时间加长，白牡丹青草气渐渐消失，10年以上的有淡淡甜香，保存不好的白牡丹会有杂味，如果沥泡时经过洗茶杂味消失则说明是环境中的味道附着在茶叶表面，虽有轻微异杂味，但可以饮用；而经过洗茶仍然存在异杂味则说明茶叶已经变质，不再适合饮用。有些白牡丹，不论是新茶还是陈茶都有轻微酸味，可能有两种情况形成：一、白茶干度不够，存放后内部物质发生变化有轻微酸味，一般会伴有其他异杂味；二、白茶在五到七年的转化过程中自然出现的味道，一般伴有浓郁的茶香，属于存放中的正常现象。如果白牡丹密封不好或经常打开，在闻干茶时会有淡淡的类似隔年绿茶的陈味，要与白茶久存产生的令人愉悦的陈香分开。

汤色：白牡丹沥泡后汤色依年份增加呈现浅黄色、杏黄色、深黄色及橙黄色，汤色过于红艳可能是生产时萎凋或堆积过度的表现。工艺完美且保存较好的白牡丹清澈透亮，如果汤色欠清澈或不够透亮，是品质不好的表现。

香气：新茶白牡丹沥泡时前一两泡有青草气，牡丹王有淡淡毫香，工艺精湛的白牡丹有淡淡花香，荒野茶制作的白牡丹香气明显，之后随着泡数的增加，青草气减弱，淡淡甜香开始出现。如出现异杂味是工艺有问题的表现，饮用的价值大大降低，已失去继续存放的价值。陈年白牡丹已无青草气，前一两泡有淡淡甜香，之后随着泡数的增加，由于嫩度的差别会出现杏仁香、枣香、药香等香气。如出现异杂味，可能是由生产时工艺造成的，也可能是存放中变质，已失去饮用的价值。

滋味：新茶白牡丹的物质丰富，口感醇厚、甜爽回甘、耐冲泡，牡丹王兼具毫香，口感更佳，荒野白牡丹香气馥郁，甜度明显，有泉水般甘冽的甜。如果青草气明显，甚至有绿茶的轻微豆香，口感较涩，不耐沥泡，久泡苦感明显，是萎凋不足的表现。如果有明显水闷味，香气低沉，是萎凋或堆积过度的表现。如果白牡丹在沥泡过程中有淡淡酸味，且伴随杂味，可能是干燥不足，是白茶在

1 年白牡丹干茶、汤色、叶底

3 年白牡丹干茶、汤色、叶底

7 年白牡丹干茶、汤色、叶底

15 年白牡丹干茶、汤色、叶底

注：汤色为投茶 3 克，注开水 150 毫升，浸泡 5 分钟所呈现的汤色，供参考使用，投茶量、水温、浸泡时间、拍摄都会影响汤色。

短期存放后内部物质进一步发酵产生的味道。如果老牡丹在沏泡前一两泡有淡淡酸味伴随茶香，无异杂味，并在一两泡以后消失，变成纯净的口感，是自然转化中出现的味道，属于正常表现。一般长期密封存放的白牡丹，由于打开后与密封保存的条件有巨大差异，导致内部物质发生剧烈变化，出现微酸，一两周后味道会减轻，白牡丹的这种现象最为典型，白毫银针、贡眉、寿眉也都有类似现象，不再分别叙述。

叶底（茶渣）：白牡丹充分舒展后芽叶梗连枝，活性十足，具有很好的美感，同时也可以通过芽叶梗转变后的颜色了解白茶变化的规律。做工精湛的白牡丹芽、嫩叶、梗颜色有规律地变深。如果叶底颜色红变面积太大，数量太多，则是工艺不佳的表现。茶芽颜色、形状不均匀可能是拼配或采摘不严格造成的。大白制作的白牡丹芽头肥壮，叶片肥厚；菜茶制作的白牡丹芽头瘦小，叶薄且瘦长；水仙因为花青素含量较高，制作的白牡丹颜色较深，有轻微红色。春茶制作的白牡丹叶质柔软，芽头肥壮；秋茶制作的白牡丹叶质较硬，芽头瘦小。高山茶青制作的白牡丹叶色黄绿，低海拔茶青制作的白牡丹叶色较绿。

三 贡眉与寿眉品质鉴别

干茶条索：贡眉和寿眉的选料广泛，季节、品种、产地及采摘方法对外形影响巨大。贡眉和寿眉含芽率越高，等级越高。叶片肥厚的贡眉和寿眉内含物质较为丰富，质量相对较好。工艺完美的贡眉和寿眉应叶缘垂卷，整体平直，呈现自然舒展的外形。外形弯曲、叶有褶皱主要是在萎凋中频繁翻动造成的，或者为萎凋槽制作。大白品种较菜茶品种制作的贡眉和寿眉叶片更大，叶形更圆，叶质更加肥厚。

　　干茶整碎：随着近几年贡眉和寿眉经济价值的提高，其生产工艺和保存条件逐渐改善，在存放时开始注意外形的完整性，而五六年以前生产的贡眉和寿眉普遍都因为过度挤压而出现不同程度的断碎，外形完整的少之又少，所以对于老贡眉或寿眉，要以一种宽容的心态来对待外形的整碎。

　　干茶净度：近几年生产的贡眉和寿眉在生产时基本都能满足全程不落地，生产环境、工具、机器卫生条件都保持很好，生产白茶的净度较前几年有大幅度提高，经过精制环节后茶叶的净度进一步提高。老贡眉和寿眉生产相对粗放，有的并没有精制环节，所以净度较差，经常会有老叶、粗梗、竹叶、杂草等夹杂物。一般来讲，贡眉和寿眉的老叶和粗梗不拣剔不会对口感产生影响，但会影响茶叶的外观，而对于竹叶、杂草等非茶类夹杂物在饮用前要注意拣剔。

　　干茶色泽：贡眉和寿眉由芽、小叶、大叶连带嫩梗为原料生产，所以贡眉和寿眉的颜色较为花杂，生产工艺到位的贡眉和寿眉可以有白色的芽、深绿的小叶、铁褐色或褐红色的大叶及深褐色的嫩梗。新茶随着存放时间的加长，颜色会逐渐变深，但仍然以花杂的颜色出现，只是颜色差距不及新茶明显。寿眉新茶可以通过工艺控制整体做绿，一般被称为"绿贡眉"或"绿寿眉"，做绿的贡眉和寿眉鲜爽度较高，便于饮用绿茶的消费者接受。贡眉或寿眉如果大面积甚至整体变红就不宜长时间存放，一般是由以下情况导致：一、夏季温度高，茶青中茶多酚含量高，易于变红。二、茶叶萎凋中温度高、湿度大、排风不好会造成红变。三、萎凋过度也会造成红变。贡眉和寿眉如果整体呈黑褐色，叶面缺乏光泽，叶形有褶皱，一般是由于温度低、湿度大且长时间堆积造成的，是品质不佳的表现。在鉴别贡眉和寿眉的干茶色泽时，我们要仔细区分铁褐色、红褐色、红色、黑色等颜色，逐渐提高对色泽的敏感度。一般来讲，春茶芽白叶绿，夏茶易红，秋茶色泽介于春夏茶之间，寒露茶色泽翠绿且转化较慢。在老白茶的鉴别中，芽的颜色常常给我们提供重要的信息，质量正常的老白茶芽头洁白为上品，如果白茶中的芽呈现金黄、橙黄或红色，表明萎凋严重过度或者是采用红茶制法制作；芽色褐黑，是低温高湿长时间堆积所致，是茶叶品质不佳的表现。

干茶香气：新茶贡眉或寿眉有淡淡青草气，老茶有明显茶香，如果出现异杂味可能是变质的表现。在干茶闻香时要注意区分南方存放和北方存放的白茶，普遍来讲，南方存放的老白茶有水闷味，香气较为低沉，但并不是变质，属于南方仓的特点；北方存放的老白茶香气高扬、清纯，闻之令人愉悦。有些贡眉或寿眉，不论是新茶还是陈茶都有轻微酸味，可能有两种情况：一、白茶干度不够，存放后内部物质发生变化有轻微酸味，一般会伴有其他异杂味；二、白茶在五到七年的转化过程中自然出现的味道，一般伴有浓郁的茶香，属于存放中的正常现象。如果贡眉或寿眉密封不好，或者经常打开，在闻干茶时会有淡淡的陈味或土味，要与白茶久存产生的令人愉悦的陈香分开。

汤色：贡眉和寿眉沏泡后依年份增加汤色呈现出浅黄、金黄、杏黄、深黄、橙黄、浅红等颜色，一般以黄色系为主，只有20年以上的老贡眉或寿眉才呈现出浅红颜色，实属少见。正常的贡眉和寿眉沏泡后汤色清澈透亮，20年以上的老白茶有明显金圈，可看到氤氲茶气，令人观之忘俗。汤色欠清澈是品质不佳的表现，已失去饮用和存放价值。不足10年的老白茶如果汤色红艳是萎凋过度或者采用红茶工艺制作，可以饮用，但不宜存放。

香气：新茶贡眉和寿眉浸出较慢，前一两泡青草气明显，三四泡开始，青草气渐渐消失，呈现出甜香味，五六泡以后甜香加重或出现淡淡果香。老贡眉和寿眉青草气已基本消失，前一两泡有清香和花香，三四泡开始淡淡甜香与枣香兼具，五六泡以后枣香逐渐明显。贡眉和寿眉的枣香是众多茶友所追求的迷人香气，但只有六七年以上、做工精湛、保存完好的贡眉和寿眉才会出现明显枣

1 年贡眉白茶干茶、汤色、叶底

3 年贡眉白茶干茶、汤色、叶底

7 年贡眉白茶干茶、汤色、叶底

20 年左右贡眉白茶干茶、汤色、叶底

注：汤色为投茶 3 克，注开水 150 毫升，浸泡 5 分钟所呈现的汤色，供参考使用，投茶量、水温、浸泡时间、拍摄都会影响汤色。

1 年寿眉白茶 干茶、汤色、叶底

3 年寿眉白茶 干茶、汤色、叶底

7 年寿眉白茶 干茶、汤色、叶底

20 年左右寿眉白茶 干茶、汤色、叶底

注：汤色为投茶 3 克，注开水 150 毫升，浸泡 5 分钟所呈现的汤色，供参考使用，投茶量、水温、浸泡时间、拍摄都会影响汤色。

香，而没有达到这个年份的贡眉和寿眉虽有枣香，但并不明显和典型，经与众多茶友反复讨论，认为用"枣核香"来定义甜香和枣香之间的香气更为准确。如果在冲泡过程中有异杂味出现，则是茶叶品质不佳的表现，已失去品饮和存放的价值。如果在冲泡时有酸味出现，与白牡丹的产生原理基本一样，请参照"白牡丹品质鉴别"部分。

滋味：新贡眉和寿眉的口感甜醇回甘，但汤感较粗，随着冲泡口感会逐渐顺滑。老贡眉和寿眉的口感顺滑甘醇，生津明显且持久，有明显枣香，10年以上的贡眉和寿眉有轻微陈香和药香，持久耐泡，泡后可以继续煮饮，煮饮后枣香药香兼具，汤感顺滑，体感丰富。老贡眉和寿眉口感完美，醇和不刺激，降血糖和降血脂的效果明显，如果饮用过量常常会使饮用者出现明显的"低血糖"症状，且在停止饮用后半小时左右达到最低点，这是饮用老贡眉和寿眉时需要注意的现象。这主要是由于老贡眉和寿眉中的茶叶复合多糖降糖作用造成的。而过量饮用陈年普洱和武夷岩茶常常会感觉胸闷、气短、头晕，即我们平常说的"醉茶"，醉茶主要是由于茶叶中的咖啡因造成的，两者有本质区别。但无论是出现"低血糖"症状还是"醉茶"症状，都要马上吃糖或食物，以补充热量，缓解身体不适。如果贡眉和寿眉有异杂味就失去了品饮价值，这需要品饮者经常练习，熟练区分陈香、药香、发霉、渥堆、酵感等味道。如果贡眉和寿眉有类似红茶发酵的味道，可能是茶叶生产时萎凋过度或高湿低温长时间堆积所致，是品质不佳的表现。如果贡眉和寿眉口感涩度明显，青草气重，甚至有类似绿茶的豆香，是萎凋不足的表现。如果新的贡眉和寿眉在饮用时无明显青草气，或饮用后口干舌燥，可能是干燥时温度过高所致。一般来讲，春茶甜爽醇厚，物质丰富；夏茶较涩，味道淡薄；秋茶香气滋味兼具，但甜爽度不及春茶。荒野茶一般有淡淡花香，口感甜爽度高，持久耐泡。

叶底 (茶渣)：贡眉和寿眉沏泡后的叶底和干茶的外形有紧密的联系，叶底的颜色仍然呈现有规律的不一致，芽、小叶、大叶和梗的颜色依次变深，如果贡眉和寿眉过于断碎，常常给人以拼配过度的错觉，给茶叶的判断造成困难，所以要仔细区分。可以把叶底按照芽、小叶、大叶和梗分开整理到一起，如果分开后每种原料颜色、嫩度都一样，可以断定是同一批茶，如果分开后颜色、嫩度仍然花杂，有可能是品质差异较大的茶叶拼配在一起形成的。如果贡眉和寿眉叶底颜色红艳且统一，可能是萎凋过度或萎凋温度过高造成的，适合马上饮用，不宜存放。如果贡眉和寿眉叶底颜色黑褐，可能是高湿低温长时间堆积造成的。一般来讲，春茶叶质柔软，夏茶叶质较硬，秋茶叶质介于春茶和夏茶之间；大白制作的白茶叶肥厚显毫，菜茶制作的白茶叶片薄软。如果叶底泡到最后仍然较硬，可能是茶叶高温干燥使茶叶失去活性造成的。

● 四 新工艺白茶品质鉴别

新工艺白茶有轻微揉捻工艺，呈疏松条索状，外形过于紧实会使成茶"酵感"明显，影响口感，颜色越红艳越接近红茶的品质。当年的新工艺白茶不应有明显的青草气，以有淡淡花香兼甜香为好，口感甜醇无刺激感，当年的新工艺白茶就可以饮用，无须陈放；陈放后的新工艺白茶汤色逐渐变深，口感变得顺滑，陈化的速度比传统白茶快得多。

新工艺白茶有严格的工艺要求，而市场上有些白茶在传统白茶的基础上进行了工艺的创新，也叫"新工艺白茶"，混淆视听；还有些工艺出现问题的白茶也叫"新工艺白茶"，外观口感都不好，滥竽充数。消费者在购买茶叶时要对这些所谓的"新工艺白茶"与工艺精湛的新工艺白茶进行区分。

新工艺白茶（2 年）干茶、汤色、叶底

五 其他白茶品质鉴别

政和大白茶所制白茶干茶、汤色、叶底

福云 595 所制白茶干茶、汤色、叶底

云南月光白茶（2 年）干茶、汤色、叶底

注：汤色为投茶 3 克，注开水 150 毫升，浸泡 5 分钟所呈现的汤色，供参考使用，投茶量、水温、浸泡时间、拍摄都会影响汤色。

水仙白茶（新茶）干茶、汤色、叶底

小白茶（新茶）干茶、汤色、叶底

使用梅占茶树制作的白茶（新茶） 干茶、汤色、叶底

使用白叶1号制作的白茶（新茶） 干茶、汤色、叶底

使用福云6号茶树制作的白茶（新茶） 干茶、汤色、叶底

注：汤色为投茶3克，注开水150毫升，浸泡5分钟所呈现的汤色，供参考使用，投茶量、水温、浸泡时间、拍摄都会影响汤色。

第四节 │ **白茶选购**

💧 **一 白茶选购核心思想**

白茶选购和其他茶类一样，要从色、香、味、形四个方面进行全方位的考虑，选择一款综合品质好的白茶。而不应该被营销概念引导，一味追求老白茶，更不应该为了刻意追求与众不同而选择奇茶怪茶。在选购白茶和品饮白茶时，如果我们能怀中正之心，喝朴素之茶，一切从白茶的色、香、味、形出发，所选之茶皆为宜饮宜存的好茶。

（一）品饮茗茶目的

人们从古到今喝茶主要追求三个目的或者达到三重境界：一、通过品饮优质的茶品产生令人愉悦的口感；二、通过长期喝茶达到保健养生的效果；三、由喝茶愉悦的口感，达到身心的放松，心灵的放飞，甚至明心见性，达到喝茶的最高境界。这三重境界的基础是令人愉悦的口感，如果没有令人愉悦的口感，茶的味道苦涩难咽，喝了身体会不舒服，让人不想多喝一口，就不可能让人达到身心的放松，自然也不会长期饮用而达到保健养生的效果。这就为我们喝茶同时也为我们选茶提供了核心宗旨，即我们要选择和品饮喝了令人有愉悦口感的好茶。

（二）白茶现状

白茶在民间素有"一年茶、三年药、七年宝"的说法，原料好、工艺好、存放好的白茶经过存放口感会越来越好，保健功效也会提高，经济价值也会越来越高。但"一年茶、三年药、七年宝"并不是对于所有老白茶都适用，这句话有三个前提，即原料好、工艺好、存放好，这三者缺一不可。白茶历史源远流长，但一直没有进入大众视野，白茶圈的人有时开玩笑说："白茶千年孤独，迎来一世繁华。"白茶大概是在2010年世博会以后才渐渐进入国人视野，由于以前白茶在国内的销售量甚微，出口需求的茶都要求翠绿的色泽，陈年的茶，哪怕是一两年的茶都很难出口，隔年的茶常常要混到当年的茶里面出口，万一被发现还有退货的风险，所以出口的企业基本不会存茶。国内销售的厂家把茶青都做成了红茶、绿茶和茉莉花茶销售，很少有厂家大量生产，尤其是白毫银针，数量微乎其微。以上情况，导致国内现存的老白茶存量非常有限，物以稀为贵，现在国内市场的老白茶价格逐年攀升，而且老白茶的市场鱼龙混杂，想在泥沙俱下的白茶市场寻找一款10年以上的老白茶已非易事，即使找到了品质好、年份真实的老白茶，价格也会让一般的茶友望而却步。

大家追求老白茶，主要是由于以下原因：一、觉得喝老白茶能体现社会地位，在茶友面前有面子；二、追求老白茶的保健效果，觉得普通白茶达不到保健的效果；三、刚开始喝白茶，受"一年茶、三年药、七年宝"的引导，盲目追求老白茶；四、喜欢白茶的茶友从猎奇和文化的价值来研究和涉猎老茶，甚至有一种膜拜的心理来追求和收藏老白茶。

（三）对待白茶的正确心态

白茶中有历史也有故事，但不应该把历史和故事当成白茶本身。

保持喝茶的朴素之心，品饮口感好、自己喜欢的白茶，把制茶之人、产茶之地、茶之年份、茶之品牌作为参考即可，当不知道怎么选茶喝茶的时候，请遵从自己喝茶的朴素之心。

● 二 如何选购白茶

如何选购白茶可能是大家最关心的问题，白茶品类丰富、产地广泛、年份不同，选购时有一定难度，且不同的选购目的也会对所选白茶影响巨大，要想选购到理想的白茶，首先要有明确的选购目的，同时要具备一定的品质鉴别能力，而对于刚接触白茶的选购者来讲，一般是"丈二和尚摸不着头脑"，下面我们就按不同的选购目的来介绍如何选购白茶。

（一）品饮者如何选购白茶

以品饮为目的选购白茶相对简单，只需要根据自己的口感喜好来选择白茶即可。喜欢爽甜口感的茶友可以选择白毫银针和白牡丹，如果对外形比较关注可以选择白毫银针或特级牡丹，如果对口感比较关注可以选择一级、二级、三级牡

茶树鲜叶

茶树鲜叶

丹。做工精湛的白毫银针和白牡丹口感爽甜、毫香显著，不必刻意追求陈年的老茶，但如果除爽甜外还追求顺滑、更丰富的香气和口感，可以选购白毫银针和白牡丹的老茶。老白毫银针和老白牡丹实属稀罕之物，一般十年以上的已经少之又少，笔者品饮和收藏白茶11年，从事白茶专业经营8年，几乎跑遍白茶产区，二十几年还保存完好的白毫银针和白牡丹都没见过，虽然曾经喝过几次号称几十年的白毫银针和白牡丹，但异杂味都很明显，不能断定是否可以继续饮用，所以茶友不要去盲目追求二十年以上的老白毫银针和白牡丹。如果觉得白毫银针和白牡丹比较淡薄，可以购买贡眉和寿眉，当年的贡眉和寿眉一般有青草气、口感欠顺滑，建议购买三年以上的贡眉和寿眉。贡眉和寿眉随着长时间的存放，青草气减退，香气越来越丰富，口感越来越顺滑，三年、五年、七年、十年的贡眉和寿眉有明显的不同，一般来讲三年的贡眉和寿眉就可称为"老白茶"。三年左右的贡眉和寿眉青草味已不明显，出现淡淡的清香和甜香，口感爽甜，汤色清澈透亮，已具有较好的口感。五年左右的寿眉和贡眉香气变得更加丰富，口感顺滑，持久耐泡，五六泡后有淡淡果香或枣香出现。七年左右的贡眉和寿眉枣香明显，顺滑醇厚，有的已开始出现淡淡药香，持久耐泡，泡后还可以煮饮，是许多茶友的最爱。十年左右的贡眉和寿眉枣香、药香兼具，顺滑醇厚，生津明显，煮饮更佳，值得一提的是，十年左右的贡眉和寿眉茶气很足，饮后经常会有全身发热、微汗等体感出现，十年左右的贡眉和寿眉已经非常稀少，所以一般价格不菲。二十年以上的贡眉和寿眉实属难得的宝贝，口感枣香、药香、粽叶香兼具，有的还有其他迷人的香气，口感稠滑绵柔，汤色如红酒般艳丽动人，金圈明显，有氤氲茶气，给感觉器官带来全方位的享受。很多茶友慕老茶之名，追求老茶，但老白茶并不是所有的茶友都能懂得它的美，说它是"乞丐的外形、皇帝的肉身"恰如其分。一泡工艺好、保存好、口感好的贡眉或寿眉实属上天的恩赐之物，应怀着恭敬之心，珍爱有加才是。喝老茶，不管是白茶还是普洱，都应该用心去感受岁月凝聚在茶中的沧桑之美，感受茶叶经岁月洗礼依然存在的生命之美。有些茶友品饮二十年以上的老白茶只是出于猎奇或盲目的崇拜感，并不能真正感受到老茶之美。大多数刚开始接触白茶的茶友接受度最高的是五到七年的老白茶，这时的老白茶口感顺滑，香气丰富，全面地展现了白茶的品质，这样的茶友大可不必花大把银子去追求十几年甚至几十年的老白茶。

就经验来讲，一般女性茶友比较喜欢外形秀美、口感甘甜的白毫银针和白牡丹，而男性茶友一般感觉白毫银针和白牡丹较为淡薄，喜欢口感醇厚的贡眉和寿眉。刚开始喝茶的茶友比较喜欢新茶的甜爽感，而老茶友比较喜欢老白茶，特别是五到七年的老白茶，而"骨灰级"的"茶鬼"如果喝到十几年甚至几十年的老白茶就会有朝圣般的满足与欣慰。

喜欢甜爽的茶友可以选择春茶，香气和口感并重的茶友可以选择秋茶，而夏茶表现较差，做成红茶可以减弱其涩度，但做成白茶口感不佳，一般不推荐选择。

白茶没有经过揉捻，浸出较慢，适合大杯沏泡，泡的时间长也没有明显的苦涩，第一泡喝完后第二泡依旧甜爽，浓度没有明显的差别，是出差、办公室及家中理想的选择。一边看书、看电视或看手机，一边享受味美甘甜的白茶，岂不美哉？出差、办公室饮用的白茶可以选择有独立小包装的白茶茶球、饼干茶等。功夫沏泡可以选择散茶，便于从色、香、味、形全面感受白茶之美。

（二）以学习为目的的茶友如何选择白茶

有些茶友刚开始接触白茶，想系统地学习白茶，针对这种目的可以各种类别的白茶都买一点，每种白茶的量不宜过多，一般可以从两个维度购买：一、白毫银针、白牡丹、贡眉、寿眉和新工艺白茶都买一点，以对品类有所认知；二、同种品类各年份的白茶都买一点，以了解白茶转化的规律性。同时，可以把知名品牌、小品牌和茶农的茶多对比以后进行购买，以便于把握白茶的整体品质表现，不经对比的购买有时如盲人摸象不得全貌，容易犯以偏概全的错误。如果有机会到白茶原产地参观学习，也要把大厂、小厂及茶农的制作工艺都学习一下，把有代表性的白茶都品尝一下，以掌握白茶制作的全面情况，有助于我们选购白茶。

在学习白茶的过程中我们要身体力行地存放一部分白茶，以掌握白茶存放转变的规律，对白茶存放过程中的细微变化有灵敏的感知力。在白茶的学习中，品类和年份白茶的标准样至关重要，但市场上白茶的年份不易判断，给白茶的学习带来很多困难。建议购买市场上知名品牌的标杆茶进行学习，以建立对基本的品类和年份的认知，但要注意的是知名品牌的茶一般代表大企业的茶叶品质，而小型茶叶企业和茶农的茶可能与此有很大风格差异，对于白茶的学习不可能一蹴而

菜茶茶芽如花朵般绽放

就，必须在日常的品鉴中日积月累逐步学习提高。

初学白茶的茶友对白茶要有所涉猎，建议以品尝为主，如果喜欢可以少量购买，不建议大量购买，以降低风险；同时建议到专业的白茶销售店铺购买，不建议从不以白茶经营为主的销售店铺购买，同时也不建议在不以白茶研究为主的"大师"举行的茶会上购买，价格贵贱暂且不论，主要是年份真实的老茶很少，很多都是仿老茶。

初学白茶的茶友对白茶特别是老白茶的鉴别能力较弱，对所买白茶信心不足，经常会把买的茶让别人鉴别，这是一个危险的行为，别人的鉴别水平对于鉴别结果有决定性作用，而对白茶的产区和年份有准确鉴别力的人少之又少，所以常常得出错误的结论，搞到最后会对白茶失去信心，内心受到伤害。这种伤害是由两种情况造成的：一、由于买了质量不好的白茶内心受到伤害；二、茶叶质量、产地、年份都没问题，自己认为有问题而受到伤害。其实就白茶销售现状而言，大部分的白茶经营者都能遵循诚信经营的原则，弄虚作假只是少数经营者的短视行为。如果我们在学习过程中始终怀中正之心，从白茶的色、香、味、形出发，寻找好喝的白茶，我们就能在白茶学习的道路上一帆风顺。

不同产区的白茶品质有明显差异，白茶产区中福鼎白茶和政和白茶产量最大，也最有代表性。就白毫银针来说，福鼎银针外形比较肥壮，颜色雪白；而政和白毫银针芽头较长，往往芽头带蒂，颜色灰白，比较好分辨。就白牡丹来说，政和白牡丹较福鼎白牡丹颜色深一些，这是由原料和工艺造成的。冲泡后福鼎白牡丹入口甜爽、滋味较为平和；而政和白牡丹回甘明显、滋味醇厚，泡久了会有涩味，泡开后的热香对嗅觉的冲击更强烈。就贡眉和寿眉而言，福鼎白茶颜色较为鲜活、香气丰富、口感甜爽；而政和白茶颜色较深，香气较为单一，但回甘明显。云南茶区的白茶也渐渐开始在市场上出现，与福建广大茶区的白茶较好分辨，相对福建茶区的白茶来讲，云南茶区的白茶芽头更加肥大，芽色金黄，叶面红褐，香气浓厚持久，滋味醇厚，略有涩感，陈年的云南白茶常常会有明显的蜜韵。

（三）以送礼为目的的茶友如何选择白茶

以送礼为目的的白茶购买要从收礼者的角度去选择白茶，所以对于收礼者基本饮茶信息的了解是必要的。一般来讲，送礼可以分为以下几种情况。

伴手礼的选择

中国人讲究礼尚往来，见面时不管是否有求于对方，空手去都显得不太礼貌，一般都会带点礼品，也就是我们常说的"伴手礼"。伴手礼白茶的选择一般价格不宜太高，量不宜太多，所以选择中档的白茶比较适宜，一般可以选择三年左右的牡丹、五年左右的贡眉和寿眉，如果选择白毫银针，建议用精制量少的包装，以降低费用。定制时可以多准备几份，放在家里或办公室使用，随用随买比较麻烦。

正式礼品的选择

如果会见重要的客人就要选择正式礼品，在选择礼品前要尽量了解收礼者的情况，针对收礼者的具体情况来选择白茶，一般可以有几种策略：一、投其所好是上策。送收礼者喜欢喝的茶，但等级要高于他平时喝的茶叶，否则会适得其反；二、流行概念细分析。如果不了解收礼者的喜好，可以选择流行的白茶来送，一般建议选择银针和牡丹王，这两种茶原料细嫩，不管男性女性、了解白茶与否都能从外观上判断出是好茶，而贡眉和寿眉没有经过揉捻，外形粗放,颜色花杂,有些不懂白茶的收礼者可能会不喜欢,有一定风险。三、保健养生是王道。针对收礼者的身体情况、年龄、性别,有针对性地选购茶叶,一般建议女性送银针和白牡丹以减缓衰老,男性送贡眉和寿眉,以降低烟酒、肥腻等带来的各种伤害;体形肥胖者送其老贡眉和寿眉,以助其降血糖和降血脂。四、降低费用有策略。如果要降低费用,建议选择三年左右的贡眉和寿眉散茶,一般装半斤绿茶的包装只能装二两左右的贡眉或寿眉,费用大大降低,但采取此策略有一定风险性。

节日礼品的选择

节日礼品要送与节日契合的礼品,同时选择喜庆的包装以加强节日的感觉,中国人节日喜欢热闹,不宜选择白色的包装。送给领导宜选择陈年白毫银针、白牡丹一类的茶,采用精致小巧的包装;送给学历较高、有留学背景的人,一般选择白毫银

茶叶鲜叶采摘

针和白牡丹一类的茶，宜采用环保的包装，不能包装过度；送给亲朋好友的茶可以选择白牡丹、贡眉和寿眉，但包装要大，以体现实惠的感觉；送给父母等至亲的人选择符合他们口感且能保健的茶，包装越简单越好。

（四）以保健为目的如何购买白茶

以保健为目的购买白茶，口感已经不是最重要的因素，应针对自己的身体状况购买合适的茶叶，具体请参照第八章《健康饮茶》相关内容，这里不再赘述。

（五）以收藏为目的如何购买白茶

收藏茶叶的购买者不以现在饮用为目的，要选择越存越好的白茶，所以要选择原料优质、工艺完美、价格低廉的白茶，质量不好的白茶存放后也不会变好。关于白茶收藏在第九章《白茶收藏》中有详细说明，这里不再赘述。

（六）以销售为目的如何购买白茶

以销售为目的购买茶叶时建议首先把销售对象的消费习惯调查好，根据消费者的情况有针对性地购买白茶，不能根据自己的喜好选购白茶。白茶推广的时间并不长，北方的许多区域都刚刚开始白茶启蒙阶段的推广，许多茶叶经营者开始试探性地推广白茶，因为不了解白茶的特点，对白茶的品质鉴别能力较弱，往往选择价格最便宜的白茶。优质的茶叶必然优价，低价白茶往往品质不佳，这样的茶叶品质可以暂时满足消费者猎奇式的尝试性购买，但对于长时间白茶的推广是不利的。建议刚接触白茶的茶叶经营者从白茶的综合品质出发，注重白茶的口感，选择质量相对较高的白茶，为长时间的白茶推广打好基础。

一般来讲, 刚开始尽量多品类、多年份少量购买, 对白茶品质鉴别能力提高和获得市场前期推广的反馈后, 再根据推广的长久计划扩大购买量。为了让刚开始了解白茶的消费者感受到白茶的魅力, 少量购买口感好的老茶是必要的, 老白茶的价格较高, 前期推广一般不会带来实质性的销售, 但老茶的推广往往可以带动新茶的销售。

白茶口感平和, 采购时要把茶叶的回甘生津、香气纯净丰富作为首要的指标来考虑, 而不应刻意追求白茶口感的厚重。长期主营普洱茶和武夷岩茶的茶叶经营者尤其要注意这个问题, 否则采购到的白茶往往都是苦涩度较高的白茶, 而这些白茶往往在工艺上都存在问题。传统白茶没有揉捻的工序, 浸出较慢, 一般前两泡口感较淡, 三四泡以后口感才逐渐丰富。在采购白茶的过程中要平心静气, 不要刚喝第一泡就要换茶, 最好喝过三四泡后再决定是否换茶沥泡。

第七章

白茶冲泡

先把水烧开，
再加进茶叶，
然后用适当的方式喝茶，
那就是你所需要知道的一切，
除此之外，茶一无所有。

——日本·千利休

白茶冲泡相对其他茶类入门较为容易，因为白茶滋味平和醇厚，浸出较慢，如果加工环节没有问题则很难出现明显的苦涩，但想要泡好却很难，需要长期的实践。

第一节 | **泡茶必知**

一 发扬白茶个性之美

"从来佳茗似佳人"是酷爱喝茶的苏东坡品尝佳茗后有感而发，这是对茶叶最贴切最大胆的比喻，历代茶人，无论是种茶的、制茶的、卖茶的还是喝茶的，也无论是真风流还是假风雅，莫不争相传颂。诚然茶如美女，六大茶类近千种茶叶各有其美，绿茶如豆蔻年华的少女，清纯而冰清玉洁；白茶如饱读诗书的素颜美女，平和而日久生情；黄茶如出身名门的大家闺秀，内敛而温文尔雅；乌龙茶如半老徐娘，典雅而风韵万千；红茶如为人之母的传统女性，温婉而关怀备至；黑茶如历经世事的老人，稳重而与世无争。

既然茶叶各有其美，那么我们冲泡时就要根据茶叶的特点和个性去冲泡茶叶，以发挥茶叶的个性之美。而不应该对六大茶类都千篇一律地追求一个风格，用自己的喜好抹杀茶叶的个性之美，从某种意义上讲是"强茶所难"，是不尊重茶性的表现。白茶整体平和甜醇，老白茶顺滑醇厚，但都没有很大的浓强度，也没有明显的刺激感。如果想把白茶泡出大红袍或古树普洱老茶的浓强度就要加大投茶量、增加冲泡时间，但这样泡出来的白茶口感并不好，也不是白茶应有的个性，想在白茶的口感中追求大红袍或古树普洱老茶浓强度的茶友，还不如直接泡大红袍或古树普洱老茶来得痛快。

笔者最怕给有多年茶龄，一直喝大红袍、古树普洱老茶或茉莉花茶一类高浓强度茶叶，但没喝过白茶的茶友泡茶，因为这类茶的口感和白茶的口感差异太大，他们往往是用这些茶的浓、强特点去评价白茶，而不是用回甘、生津、香气纯净度、韵味、体感等正确的评价维度去评价，所以他们在初喝白茶时很难做出客观的评价。不过这种表现接近事情的真实情况，我们都是以过去已有的经验去判断新的事物，而且茶友基本都是个性化的喝茶，因此评价也多是个性化评价，很难给出客观的评价。

笔者给没喝过白茶的茶友泡茶时一般遵循三个步骤：第一步，按照白茶的正常冲泡方法冲泡，如果茶友可以接受这个浓度就继续正常冲泡，说明茶友对白茶的口感满意，口感属于平均水平，对浓强度没有太明显偏好；如果茶友说淡薄，就进行第二步——加大茶汤的浓度，以尽量适应茶友的口感。加大浓度后如果茶友满意就一直按照这个浓强度泡，说明这个茶友对白茶的口感满意，只是口感较重；如果茶友仍然说淡薄，就进行第三步——与茶友讨论是否换其他类别的茶叶品饮，因为这种情况可能是茶友对白茶的口感不满意，跟白茶的质量好坏和冲泡的水平高低已无关系。

白茶工艺相对其他的五大基本茶类有明显的特色，主要有萎凋和干燥两道工序，白茶是六大茶类中唯一没有经过揉捻的茶类，细胞较为完整，没有杀青的环节，较好地保留了酶的活性，由于独特的生产工艺，造就了白茶鲜明的品质特征。白茶浸出较慢，第一泡较为平淡，用当地人的话讲叫"平淡如白水"，这也是"白茶"得名的一个原因；第二泡开始物质浸出才渐渐加快；到第三泡、第四泡以后才渐入佳境，越往后泡口感越好，内质也越丰富，所以泡白茶要调整好心境，平心静气地等待白茶绽放在杯中，感受白茶之美，这个过程也是对我们个人心境的锻炼，心浮气躁者不得之。

白毫银针、白牡丹、贡眉、寿眉和新工艺白茶虽同属白茶，但由于原料差异较大，所以风格和口感有较大差异，给我们的美感也不尽相同。从体验白毫银针的外在之美，逐渐到体验白牡丹的外在内质均衡之美，再到体验寿眉的内质之美、之韵、之感，就像我们人从外形俊朗的"小鲜肉"慢慢成长为社会中流砥柱的"大叔"，再到睿智沉稳的老人，体验白茶的整个产品线之美如同我们体验人生沧桑百年。

白茶总体来讲汤色浅黄，毫香较显，入口甜度明显，醇和不刺激，随着原料粗老毫香逐渐降低，但口感基本都较为甜爽醇和。按照内含物质和品质表现，白毫银针和白牡丹较为接近，都是芽头肥壮，色泽如银似雪，香气清鲜，毫香显，口感甜爽醇和，色、香、味、形俱佳。老银针有独特的毫香蜜韵，略显淡淡药香，煮后香气和物质更为丰富，有的还有迷人果香或枣香。贡眉和寿眉叶态平伏舒展，叶缘垂卷，叶面有隆起波纹，叶尖微翘、芽叶相连而稍并拢，叶面色泽灰绿、墨绿或翠绿、叶背银白色、叶脉微红，滋味鲜爽醇厚清甜，汤色橙黄明亮。老白茶煮后汤色如红酒般红艳动人，有氤氲茶气飘浮茶汤之上，饮之口感顺滑醇厚，汤感明显，会呈现出迷人的荷叶香、枣香、果香等，物质丰富，层次感好，每次饮之都有"乞丐外形，皇帝肉身"的感慨。

二 冲泡风格之别

同样的白茶、同样的投茶量、同样的水温、同样的茶具,不同的人冲泡就有不同的口感,且往往差异巨大。除去技术等因素,即使都是冲泡白茶十几年以上的高手,冲泡出来的白茶也风格各异。参加日本茶会时,大家都怀着"一期一会"的思想来享受当下饮茶的时光,因为即使改日同样的人、同样的茶、同样的地点,也已经跟上次是不同的两次相聚。同理,冲泡白茶时我们也应该怀着"一泡一味"的心理,怀着感恩的心来品饮每泡白茶,尊重每位茶艺师,怀着欣赏的心去品饮风格各异的白茶。我们应该认识到,在解决各种技术问题后,每个茶艺师根据自己对白茶的不同理解,以炉火纯青的技术来冲泡白茶,展现白茶之美,这就形成了同一款茶的不同风格,这时已经超越了泡茶技术层面的问题。

与泡茶风格紧密对应的是茶友在喝茶时也追求不同的风格,我们要尊重这种差异性,尽量去满足每位茶友对于白茶的不同风格要求。但值得指出的是,茶艺师不应该过于倚重喝茶人的感受而改变茶性,无法体验白茶的特有之美,要在尊重每位茶友、表现白茶特有之美、保持自身冲泡风格三者中间找个结合点。

三 口感与营养保健

茶、咖啡、可可被定义为世界三大无酒精饮料,既然是饮料,口感就要好,但茶也被称为"万病之药",可以给饮茶者提供部分营养物质,长期饮茶可以预防和治疗各种疾病,所以我们喝茶时都会追求口感和营养保健的双重目的。但口感和保健有时会有所冲突,这就要饮茶者自己做出取舍,在白茶冲泡时有所倚重。

随着饮茶科学研究的深入，人们逐渐发现很多传统的饮茶方法是不利于营养和保健物质吸收的。比如：我们在沏泡绿茶时常常不倒尽茶具中的茶汤，而是采取留根的泡法，以使每泡之间口感差异没有太大变化。但在持续的高温下，茶叶中的许多物质会发生变性，不再溶于水，残留在茶渣中浸泡不出来。如果我们喝茶时只是单纯追求口感，只需要把口感发挥到最好就行；但如果我们在追求口感的同时也追求营养和保健养生，那就要注意以下环节：一、保健养生的茶需要达到一定的用量，如果达不到用量，保健养生的效果较弱。二、茶多酚、咖啡因、茶氨酸、茶多糖等有不同的保健效果，各物质在茶汤中溶出的速度不一样，被人体吸收的程度也不同，在人体中代谢的时间也不同，所以需要针对不同的保健养生目的来喝不同的茶，同时为了达到物质持续作用的效果，最好采用少量多次饮茶的办法喝茶。比如：用老寿眉治疗糖尿病时把一天的总量分成三次喝比一次喝的效果要好得多。三、茶叶中的营养和功效物质有很多是不溶于水的，或者本来可以溶于水，但由于高温持续浸泡使物质变性不再能溶于水，这些物质都残存在叶底中。出于保健养生的目的，把叶底吃掉能吸收更多的物质，我们也可以把叶底用来洗脸、洗手、煮饭或做菜，口感好、营养丰富，一举多得。四、出于保健养生的目的可以改变茶叶的冲泡方式，例如：用冷水冲泡老寿眉对于糖尿病的治疗效果更好，但浸泡时间会大大加长；泡白毫银针或白牡丹时降低水温，营养保健物质在水中析出得会更充分。

▲ 四 喝茶与泡茶

好多刚开始接触白茶的朋友泡不好白茶，但冲泡只是技巧问题，最主要的是要知道白茶泡到什么程度算是泡好了。从某种角度来讲，我们一直都在学习泡茶的路上，而且是一条永无止境的路，这条路的终点和我们的人生是同一个终点，但也可能因为泡茶人自满的心而随时终止。喝茶，喝明白茶，其实应该比泡茶更重要，因为只有能喝明白茶才能知道茶泡得好不好，才知道怎样去改进下一步的技巧。例如美食家这个职业，不用做饭，只是到处吃饭，饭吃得比厨师都明白，对餐饮业水平的提升也能提供帮助。喝明白茶是第一个阶段，但喝明白茶不等于就能把茶泡好。常常有很多喝茶的人眼高手低，说得头头是道，但一泡茶就闹笑话。泡茶的技术是在长年累月泡茶的实践中逐渐提高的，每冲泡一道茶，通过看汤色、闻香气、尝滋味来判断泡的茶是否达到理想的口感，便于下一道茶的冲泡，循环往复，泡茶的水平才能日日精进。

第二节 | **冲泡白茶技术问题**

一 泡茶三要素

泡茶的三要素是投茶量、水温和浸泡时间。通过三要素的共同作用，使茶汤达到适合的浓度，香气、滋味和外形得到全方位的体现。

投茶量对于白茶的冲泡至关重要，有时是决定一泡茶成败的关键因素，适度的投茶量会使白茶展现出应有的口感和香气，投茶量过少会使茶叶浓厚度不足、减少冲泡的遍数；投茶量过大则不容易控制冲泡时间，常常由于浓度过大而增加苦涩度。白茶没有经过揉捻，特别是贡眉和寿眉散茶，体积较大，投茶量过大会造成茶叶的断碎，而茶叶断碎后会影响白茶的外形和味道。

水温对于滋味和香气来说有不同的影响，水温高可以使茶叶中的香气成分充分释放，提高香气的丰富程度，特别是一些乌龙茶类，如果到铁观音或凤凰单丛的茶区，当地茶农泡茶的煮水壶都是持续沸腾的，倒满水盖上盖以后要有水封住盖口，俗称"水封"，以尽量提高水温，充分发挥茶的迷人香气，特别是一些迷人的花香和果香。但同时水温越高茶叶越容易出现苦涩，水温越低越甜爽，这就是绿茶和红茶需要用80~90摄氏度水温冲泡的原因。我们泡茶时要根据茶叶的特点来灵活掌握泡茶的水温，找到使茶叶口感和香气都有最好表现的水温。当然，也可以根据每款茶的特点和不同泡次采用不同的水温，有时候也会有意想不到的效果，需要多次反复地尝试才可以达到完美的效果。同时，个人不同的口感偏好也会使泡茶的水温有所差别。

白茶冲泡的水温在很多书上都是按照绿茶的水温来指导的，在从业和冲泡实践中，笔者认为白茶和绿茶工艺差别很大，白茶完全可以用开水冲泡，如果开水冲泡白茶出现苦涩，不是水温过高造成的，而是白茶品质不佳造成的。茶友如果想要验证这两种水温对白茶口感的影响，可以选择相同的白茶用不同的水温冲泡即可得出结论。

浸泡时间对茶汤的浓度和香气也有重要影响，投茶量和水温同样的情况下，浸泡时间越长，茶汤浓度越大。浸泡时间不仅包括茶叶浸泡在水中的时间，我们注水时的水流粗细、注水的角度，倒出茶汤时茶具倾倒茶汤的角度、茶汤出口的大小都是影响浸泡时间的重要因素。尤其值得注意的是，当我们把茶汤倒出后，茶具里的茶叶在自身湿度和温度的共同作用下还在缓慢"浸泡"，会对下道茶的口感有重要影响，在泡茶时要注意。大投茶量、短时间冲泡和小投茶量、长时间冲泡有时可以达到近似的浓厚度，但两种泡法的口感和香气往往有细微的差别，这主要和咖啡因、茶多酚、糖类和氨基酸溶入水中的速度有关系。例如，在冲泡白牡丹时，如果投茶量较大，第一道茶冲泡速度快则无味，冲泡速度慢则苦味明显；而如果减少投茶量，浸泡时间较长，苦味则不是很明显。这主要是因为咖啡因溶出速度较茶多酚、糖类和氨基酸要快得多，第一泡如果投茶量大、浸泡时间短，白牡丹物质还没有溶解，味道淡薄；如果浸泡时间略长，咖啡因溶出迅速、浓度较大，而此时其他三种物质还析出较少，所以咖啡因的口感表现明显，容易出现苦味。而如果投茶量小、浸泡时间较长，此时四种组成茶汤滋味的物质析出都较为充分，氨基酸会增加茶汤中的鲜爽味，糖类会增加甜度，而茶多酚会络合部分咖啡因，在减少苦味的同时还可以增加茶汤的厚重度，各种物质的比例较好，所以口感往往甜爽可口、回甘明显。

◢ 二 茶叶物质溶出与冲泡

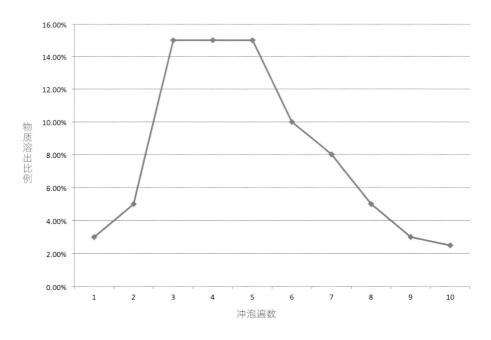

白茶物质溶出趋势图

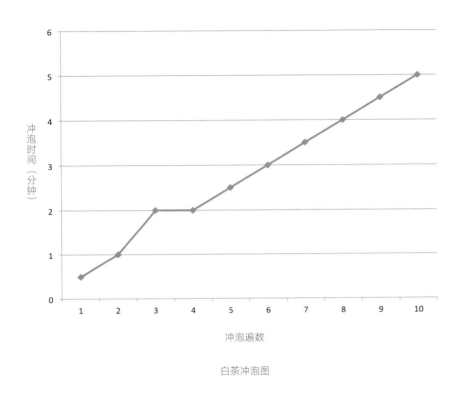

白茶冲泡图

　　把茶叶在冲泡中物质溶出比例与泡数的关系绘制成图表，便于我们感性地掌握茶叶在水中的溶解规律。根据物质溶出图我们可以分析出茶叶冲泡时各泡茶的理想时间，指导我们对茶叶的冲泡。

◆ 三　泡茶用水

　　"水为茶之母，器为茶之父"，可见水对于茶叶的冲泡至关重要，明朝张大复对茶与水关系的论述更为具体，他说："茶性必发于水，八分之茶，遇十分之水，茶亦十分；八分之水，试十分之茶，茶只八分。"这说明茶叶等级较低，水质比较好的话，这杯茶依然会比较好喝；而如果茶叶很好，水质不好，这杯茶可能就不好喝。从陆羽开始，对泡茶之水多有论述，但不应该过分拘泥于古人的论述，现代的环境和水源情况跟古代已大相径庭，应该根据现在的实际情况实事求是地认识现代之水。

首先，泡茶的用水要求干净、清洁、没有异味，就是符合饮用水的标准，这是最低要求。其次，我们要挑选"宜茶之水"，所选之水要能很好地发挥茶性，而光水本身好是不够的。选择泡茶用水的时候，我们要选择软硬适中的水，水的硬度是指溶解在水中的盐类物质的含量，即钙盐与镁盐含量的多少。含量多的硬度大，反之则小。如果水过于软，泡出的茶淡薄无味，我们称这种现象叫"水托不住茶"；如果水过于硬，泡出的茶香气低沉、汤色晦暗浑浊、滋味不鲜活，我们称这种现象叫"水压住了茶"。常常有朋友千里迢迢背了冰川或国外的水过来泡茶，这些水本身都富含矿物质和营养元素（钙和镁就是其中最常见的两种成分，也就是它们使水质变硬），是非常理想的饮用水，可是一般都太硬，压制住了茶性。

一般市场上销售的矿泉水、纯净水等都适合泡茶。经过滤机过滤的水参差不齐，主要依过滤机的性能而定，一般也都可以泡茶。自来水不易泡茶，会严重影响茶叶的口感，如果条件所限只能用自来水泡茶，最好事先把自来水放到大的陶瓷容器中软化一下，水烧开后打开盖跑跑水中的氯气再泡茶，对口感和健康都有好处。

● 四 泡茶器具

玻璃、瓷器、紫砂、粗陶都适合冲泡和煮饮白茶。由于白茶没有经过揉捻，很好地保留了茶叶的自然形态，所占空间较大，尤其是贡眉、寿眉，其体积约是同重量铁观音的五六倍，所以冲泡白茶的器具以宽腹阔口的茶具为主，一方面可以较好地保持茶叶的完整性；另一方面容易投茶、倒出茶渣；最重要的一方面是茶叶舒展、减少断碎，便于物质释放、减少苦涩，获得良好的口感。

一般来讲，老白茶煮饮较好，用粗陶的器具是不错的选择，一方面，粗陶可以吸附白茶存放过程中的杂味；另一方面，用粗陶煮出来的茶汤更加顺滑和绵柔、汤感十足。

第三节 | 白茶冲泡

白茶的白毫银针、白牡丹要赏其形、观其色、闻其香、品其味，以获得全方位的感官享受；贡眉和寿眉外形粗放，初看如枯枝败叶，形、色没有太多的美感，主要是闻其香、品其味；紧压茶与散茶的物质浸出时间、口感都有较大差异，虽同属于一类茶，但冲泡方法不尽相同；同类白茶的新茶和老茶的特点也差异巨大，冲泡方法也应该有所差别。针对差别，我们为大家选取有代表性的茶类，选择适合的茶具进行冲泡案例的讲解，但对于白茶的沏泡一直都是仁者见仁、智者见智，并且白茶界的冲泡和茶艺历来都是百花齐放、百家争鸣，没有统一的标准，笔者仅以坦诚之心，以十年中近十万次的冲泡经验与众茶友分享，希望对大家有所启发，达到抛砖引玉的效果。

本节冲泡白茶的方法是为了获得良好的口感，不涉及茶艺方面。

◆ 一 新茶白毫银针

用洁净透明的玻璃杯冲泡白毫银针时，可以看到初始芽尖朝上、蒂头下垂而悬浮于水面；随后缓缓降落，竖立于杯底，忽升忽降，蔚成趣观；最后竖沉于杯底，如刀枪林立，似群笋破土，芽光水色，浑然一体，堆绿叠翠，妙趣横生，历来传为美谈。

玻璃杯中的白毫银针之美

2018 年白毫银针

- ◆ 冲泡茶品：2018年白毫银针

- ◆ 冲泡茶具：玻璃杯

- ◆ 茶水比例：1∶50 (推荐比例, 茶友可根据个人口感调节)

- ◆ 冲泡遍数：三遍

- ◆ 冲泡水温：98摄氏度 (煮水器沸腾后敞口一分钟, 水面平静后)

- ◆ 冲泡过程：

投茶

将白毫银针投入玻璃杯中。

投茶　　　　　　　　　　注水　　　　　　　　　　浸泡

润茶

往玻璃杯中注入三分开水后，左手提起玻璃杯，右手托玻璃杯底部摇晃，使茶水充分融合。

注水

以直冲的方式注水，水流应保持稳定，不要有粗细变化，直到七分满后停止。

浸泡

注水后浸泡五分钟，此时可以观赏白毫银针在水中浮沉的美景，待茶汤颜色慢慢变成杏黄色后即可品饮。

续水

白毫银针第二泡八分钟，第三泡十分钟，仍爽甜可口。

🔹二 新茶白牡丹

　　白牡丹茶在冲泡前让人很难理解为什么叫白牡丹, 冲泡后, 待其充分吸水, 两叶抱一芽, 一朵一朵漂浮在水中, 如花朵般绽放, 让人赏心悦目。

- ◆ 冲泡茶品: 2018年白牡丹 (一级)
- ◆ 冲泡茶具: 盖碗
- ◆ 茶水比例: 1: 30 (推荐比例, 茶友可根据个人口感调节)
- ◆ 冲泡遍数: 10遍
- ◆ 冲泡水温: 98摄氏度 (煮水器沸腾后敞口一分钟, 水面平静后)
- ◆ 冲泡过程:

盛开在盖碗中的白牡丹

投茶

将白牡丹投入盖碗中。

润茶

沿盖碗边缘往盖碗中注满水，浸泡一分钟左右，将水倒出、沥尽。

第一泡

沿盖碗边缘往盖碗中注满水，水流应细缓，不要有粗细变化，水满后浸泡一分钟左右将茶水倒出、沥尽。

续泡

第二泡一分钟左右，第三泡后逐渐加长时间，白牡丹的口感将变得甜爽醇厚，白茶因为工艺特殊，物质浸出较慢，不用担心苦涩物质的产生。白牡丹较为耐泡，工艺到位的白牡丹十泡仍甜爽有味。

2018 年白牡丹

投茶

注水

注：贡眉、寿眉的盖碗泡法参照白牡丹的泡法即可。

🌢 三 新茶荒野寿眉

荒野寿眉如晴天采摘、下午四五点及时开青，又遇北风天，会形成明显的花香。由于野放时间较长，内含物质丰富，虽当年之茶，已有良好口感，但因为没有揉捻环节，所以呈现自然的状态，体积较大，用普通的盖碗和紫砂壶冲泡不能使茶充分舒展，影响口感，适合大碗冲泡。

- ◆ 冲泡茶品：2018年荒野寿眉
- ◆ 冲泡茶具：大碗
- ◆ 茶水比例：1：50 (推荐比例，茶友可根据个人口感调节)
- ◆ 冲泡遍数：3遍
- ◆ 冲泡水温：98摄氏度 (煮水器沸腾后敞口一分钟，水面平静后)
- ◆ 冲泡过程：

投茶

将荒野寿眉投入大碗中。

润茶

沿大碗边缘注入少量开水，水面超过茶叶即可，浸泡一分钟左右，将水倒出、沥尽。

第一泡

沿大碗边缘往大碗中注满水，不要有粗细变化，水至大碗八分左右即可，浸泡三分钟左右，因碗泡的茶汤上面和下面浓度差距较大，不宜直接注入品茗杯中，宜用长柄茶勺将茶水盛入公道杯中，再由公道杯注入品茗杯。盛茶时不要挤压，避免茶叶中苦涩物质的浸出。

续泡

在即将露出茶叶的水量时,应继续注水,进行第二泡的冲泡。第三泡的冲泡依第二泡进行,但要适当延长浸泡时间。

用大碗冲泡的荒野寿眉

2018 年荒野寿眉

投茶

注水

用长柄茶勺将茶盛入公道杯中

四 二十年寿眉

二十年的寿眉是老茶珍品，得之不易，一般有两种泡法：一种是先用盖碗冲泡，大概冲泡四五泡后再煮饮；另一种直接煮饮。下面介绍直接煮饮的方法。

◆ 冲泡茶品：二十年寿眉散茶

◆ 冲泡茶具：陶瓷煮茶套组

◆ 茶水比例：1：50 (推荐比例，茶友可根据个人口感调节)

◆ 冲泡遍数：2遍

◆ 煮饮过程：

投茶

将寿眉投入茶具中。

二十年的寿眉茶汤

润茶

在盖碗中注入开水，第一次浸泡一分钟左右，将水倒出、沥尽；冲洗盖碗的盖之后再次注入开水进行第二次洗茶，浸泡一分钟左右，将水倒出、沥尽。

第一次煮饮

将两次洗过的茶叶倒入茶具中开始煮饮，用冷水煮饮的茶甜度要好于热水。用热水煮饮茶叶物质浸出较快，如果倒入热水煮饮一般10分钟左右即可饮用，如果倒入冷水煮饮要20分钟左右才可以饮用。因煮饮的茶汤上面和下面浓度差距较大，不宜直接注入品茗杯中，宜用长柄茶勺将茶水盛入公道杯中，再由公道杯注入品茗杯。

第二次煮饮

在即将露出茶叶的水量时，应继续注水，进行第二次的煮饮，第二次煮饮茶汤的甜度好于第一次。第一次煮饮茶汤的浓度高于第二次。

注：1.经过两次煮饮后继续煮饮仍然有味道，但为防止重金属等物质的析出，不建议继续煮饮。
2.金花白茶煮饮后枣香明显，有独特的"菌花香"，方法参照老寿眉方法即可。

二十年的寿眉散茶

润茶

投茶

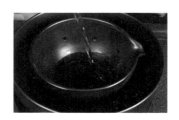
注水入煮茶器皿

盛茶

● 五 五年贡眉茶饼

　　白茶茶饼由于有蒸汽熏蒸的环节，与散茶相比有淡淡熟闷味，可用紫砂、粗陶的茶具进行冲泡，以减轻熟闷味，发挥白茶的良好口感。同时，白茶紧压茶的物质浸出速度与散茶有所不同，紧压茶前两泡物质浸出较散茶慢，紧压白茶散开后的浸出速度又较散茶快，所以我们可以把润茶步骤适当加长，前一两泡视紧压白茶的散开情况具体控制时间，三四泡时物质析出快且充分，茶汤口感很好，之后的冲泡逐渐增加时间，会获得迷人口感。

- ◆ 冲泡茶品：五年贡眉茶饼 (一级贡眉)
- ◆ 冲泡茶具：紫砂壶
- ◆ 茶水比例：1：30 (推荐比例，茶友可根据个人口感调节)
- ◆ 冲泡遍数：10遍
- ◆ 冲泡水温：98摄氏度 (煮水器沸腾后敞口一分钟，水面平静后)

五年贡眉茶汤

◆ 冲泡过程:

投茶

将茶叶投入紫砂壶中。

润茶

注水到紫砂壶中, 尽量不直接冲击茶叶, 加盖后用热水浇淋壶身, 浸泡一分钟左右, 将水倒出、沥尽。

五年贡眉茶饼

投茶

第一泡

往紫砂壶中再次注满水,水流应细缓,不要有粗细变化,水满后浸泡半分钟左右,将茶水倒入公道杯、沥尽。

续泡

第二泡一分钟左右,第三泡后逐渐加长时间,贡眉的口感将变得甜爽醇厚,白茶因为工艺特殊,物质浸出较慢,不用担心苦涩物质的产生。贡眉较为耐泡,工艺到位的贡眉十泡后仍甜爽有味。

淋壶

倒入公道杯

注:金花白茶、老寿眉也适合紫砂壶冲泡,参照贡眉的泡法即可。

● 六 六年白茶球

　　白茶紧压成球状和块状，一个产品刚好冲泡一次，便于外出携带，是出差、吃饭、办公的理想用茶。白茶球和飘逸杯是最佳伴侣，都很方便，飘逸杯解决了泡茶中最关键的茶水分离问题，可以自如地控制泡茶时间和茶汤浓度。一个飘逸杯可以具有泡茶器、公道杯的功能，有的甚至可以包括品茗杯的功能，笔者在家里看书、看电视的时候一般使用飘逸杯泡茶。

- ◆ 冲泡茶品：六年白茶球
- ◆ 冲泡茶具：飘逸杯
- ◆ 茶水比例：1：30 (推荐比例，茶友可根据个人口感调节)
- ◆ 冲泡遍数：10遍
- ◆ 冲泡水温：98摄氏度 (煮水器沸腾后敞口一分钟，水面平静后)

六年白茶球

茶球干茶

◆ 冲泡过程：

投茶

将茶叶投入飘逸杯中。

润茶

注水到飘逸杯中，尽量不直接冲击茶叶，浸泡一分钟左右，按下按钮，水流尽后松开按钮。

第一泡

往飘逸杯中再次注满水，水流应细缓，不要有粗细变化，水满后浸泡一分钟左右按下按钮，让茶水流尽。

续泡

第二泡一分钟左右，第三泡之后逐渐加长时间，白茶球较为耐泡，一般可冲泡十泡以上。

投茶

注水

按钮出茶

注：与飘逸杯原理相同，可以实现茶水分离的茶具都可以用来冲泡这类紧压白茶。

◆ 七 五年白牡丹

白茶没有揉捻工艺，细胞相对完整，浸出速度较慢，适合用大杯进行冲泡。长时间浸泡没有明显苦涩味，即使上泡茶长时间浸泡，下泡茶仍然有味道，而其他茶类若长时间浸泡则苦涩明显，再泡则淡而无味，所以白茶适合非功夫茶的日常冲泡。

- ◆ 冲泡茶品：五年白牡丹 (特级)

- ◆ 冲泡茶具：瓷杯

- ◆ 茶水比例：1：50 (推荐比例，茶友可根据个人口感调节)

- ◆ 冲泡遍数：三遍

- ◆ 冲泡水温：98摄氏度 (煮水器沸腾后敞口一分钟，水面平静后)

五年白牡丹叶片舒展，如牡丹花绽放。

◆ 冲泡过程:

投茶

将白牡丹投入瓷杯中。

润茶

往瓷杯中注入开水,没过茶叶后将水倒空。

注水

以直冲的方式注水,水流应保持稳定,不要有粗细变化,直到九分满时停止。

浸泡

注水后浸泡五分钟,待茶汤颜色慢慢变成杏黄色后即可品饮,待茶芽吸水舒展后可观赏如牡丹花绽放的美丽茶芽。

续水

白牡丹第二泡八分钟,第三泡十分钟,仍爽甜可口。

注:其他白茶品类的大杯泡法参考白牡丹的冲泡。

白牡丹干茶

投茶

注水

第八章

健康饮茶

诸药为各病之药，茶为万病之药。

——唐·陈藏器《本草拾遗》

人类与茶打交道的时间有近5000年，但饮用的历史只有2000年，因为最初茶是作为药物使用的。既然是药就有两个方面，饮用得法就可以保健养生、防病治病；饮用不当就会损伤身体。茶的保健作用是长期饮用潜移默化实现的，同样，如果饮用不当一般也不会马上有剧烈的不良反应，久而久之会损伤身体。我们饮茶要养成好的习惯，懂得一些基本的饮茶禁忌，按照不同的体质、不同的季节等合理饮茶，才能在享受茶味之美的同时保健养生，享受茶带给我们的福利。

第一节　饮茶基本原则

饮茶时应掌握饮茶的基本原则，这些原则不仅适用于白茶，也适用于其他茶类。

● 一　饮茶宜多样化

中国有六大基本茶类，有21个省、1000多个县产茶，由于地理地貌差异巨大、制茶原料各有不同、工艺各有特色，所以茶叶的内含物质、口感和保健效果都有所不同。饮茶应科学化，依地域和时间不同，选择适宜的茶饮，各取所需，取长补短，保持饮茶多样化。饮茶多样化有以下几个好处：一、各种茶的保健作用不同，应根据我们身体的基本特点按照季节、一天中不同时间，我们身体的状态等饮用合适的茶。二、人体对茶叶的功效成分有较强的适应性，经常饮用同一种茶，保健功效会逐渐降低。饮茶多样化可以使身体对各种茶保持较好的敏感度，从而达到保健养生的目的。

二 淡茶温饮养生

《宝庆本草折衷》所言："凡啜者，宜热而少，不宜冷而多，故冷则停寒聚痰，多则消脂瘦体。"意即茶叶淡茶温饮，方可保健养生。

茶汤太浓，人体会摄入大量的茶多酚、咖啡因、鞣质等，它们会对人体产生不良作用。例如，茶多酚与铁离子、维生素B_{12}发生络合作用，影响机体对铁离子的吸收利用，可能引起贫血；浓茶中较多的咖啡因对神经系统和心血管系统有较强的刺激作用，使人兴奋，影响睡眠，还会加重心脏负荷；咖啡因可诱发胃酸

温饮茶汤

分泌，刺激胃黏膜，有可能造成胃部不适或加重胃溃疡 (朱永兴等，2005)。在每天茶叶饮用量固定的情况下，投茶量少的多次饮用比投茶量大的一次饮用效果要更好。

饮茶温度过高和过低对健康都不好，饮茶温度一般在50～55摄氏度左右较为合适，这时的茶汤口感最好，人的感觉器官在这个温度也最敏感。饮茶温度过高，容易烫伤口腔和食道，久而久之容易造成食道方面的疾病。广东潮汕当地的老人饮用茶汤温度都很高，大大影响了食道的健康，年轻人喝茶时都不会喝温度太高的茶汤，这对健康很有好处。饮茶温度过低往往会降低茶的口感，同时也会损伤身体。

三 茶叶不宜久泡

茶叶长时间浸泡，茶汤和叶底并不分离，茶叶中对滋味不良的物质浸出量会慢慢增加，同时茶叶中富含各种营养素，若长时间浸泡会分解并且滋生细菌，所以茶叶不宜长时间浸泡。有人习惯早上起来沏一杯浓茶，一边吃早点一边喝茶，这时茶汤浓度大，苦涩味非常明显，这杯茶一直泡到晚上，茶汤已如白水般淡薄，没有香气与滋味，其实这是非常不好的饮茶习惯。良好的饮茶方法是把一天的饮茶总量分成三份，早中晚各投一份，这时茶汤浓度适中，没有香气和滋味后就倒掉，想喝时再泡一份即可。如果晚上怕失眠，头泡茶不喝，或者分成两份分开饮用就好。

第二节 | **白茶品饮影响因素**

◈ 一 看体质喝茶

体质是个体在先天遗传和后天获得的基础上，表现出来的形态结构、生理机能及心理状态等方面相对稳定的特质，这种特质决定着人体对某种致病因子的易感性及其病变类型的倾向性。我们的体质各有不同，应该根据自己体质的特点来选择茶类，以达到喝茶保健养生的效果。无论是平和体质还是偏颇体质的人，无论喝什么茶，只喝一泡是没有问题的，茶叶对身体的影响是长期潜移默化产生的，短期内不会有明显的作用，所以为了达到保健养生的功效，必须正确选择适合我们体质的茶，才能让身体得饮茶之利，而不是损伤我们的身体。

你是哪种体质

为了达到喝茶保健养生的效果，我们需要按照自己的体质来健康饮茶。可是，我们不是中医，怎么才能判别我们的体质呢？我们可以参考中华中医药学会编著的《中医体质分类与判定》，从中医的角度来把我们的体质简单归类。《中医体质分类与判定》从中医的角度把我们的体质分为九种，并对体质的基本类型和特征做了详细的介绍，该标准是我国第一部指导和规范体质研究及应用的文件，对各种体质人群的饮食、日常习惯给出了指导意见，对茶叶品饮也同样有指导意义。标准中指出，约1/3的人群为平和体质，约2/3的人群为偏颇体质。下面让我们具体参照九种体质的标准来判断自己的体质，以便指导我们日常的生活习惯及饮茶。

平和质——健康派

平和体质阴阳气血调和，吃得好、睡得好、心情好、精力充沛、不爱得病，身体状态非常好。这种体质只要维持好就可以，日常养生应采取中庸之道，吃得不要过饱，也不能过饥，不吃冷也不能吃得过热。各种茶叶均可饮用，可尽享茶之美味，只是不要喝得太浓就可以。

气虚质——气短派

气虚体质元气不足，以疲乏、气短、自汗等气虚表现为主要特征，体形一般肌肉松软不实，平素语音低弱，气短懒言，容易疲乏，精神不振，易患感冒、内脏下垂等病，且病后康复缓慢。对外界环境适应能力较差，不耐受风、寒、暑、湿邪。

气虚体质的人平时宜多吃具有益气健脾作用的食物，少食具有耗气作用的食物，以柔缓运动为主，不宜做大负荷和出大汗的运动，忌用猛力和长久憋气。这种体质的人一般不宜喝茶，如果有茶瘾也不宜喝咖啡因含量高的茶，性寒的茶也不能喝，可以喝些温性的茶，五年以上的新工艺白茶或金花白茶都是不错的选择。为了暖肠胃，喝茶时可以放几个红枣，也可以把枣当茶点吃。除白茶外，熟普洱、六堡一类的黑茶也是不错的选择。气虚的人元气不足，即使是温性的茶，也不宜多喝，每天3～6克足矣。

阳虚质——怕冷派

阳虚体质的人阳气不足，以女性居多，以畏寒怕冷、手足不温等虚寒表现为主要特征，体态一般肌肉松软不实。耐夏不耐冬；易感风、寒、湿邪。可多吃容易"发"（甘温益气）的食物，少食生冷寒凉食物。夏季避免吹空调电扇，冬季注意保暖。

这种体质的人可以喝七年以上的老贡眉或寿眉，不宜喝一两年的白茶。除白茶外，以喝红茶、黑茶、焙火的乌龙茶等茶为好，应少饮绿茶等不发酵或轻微发酵的茶类。

阴虚质——缺水派

阴虚体质的人阴液亏少，以口燥咽干、手足心热等虚热表现为主要特征，多大便干燥，往往体形偏瘦，性情急躁，外向好动，活泼。中医认为这种体质主要是元阴不足，引起体内精津液不足，干枯不润而化干化燥。这种人普遍耐冬不耐夏；不耐受暑、热、燥邪。患虚劳、失精、不寐等病，多因热而致病。这种人应多吃甘凉滋润的食物，避免熬夜、剧烈运动和在高温酷暑下工作。只适合做中小强度、间断性的身体锻炼。锻炼时要控制出汗量，及时补充水分。阴虚体质的人容易口渴，所以非常适合喝茶，可以喝的茶类也很多，对于阴虚体质的人，白毫银针、白牡丹是不错的选择，除白茶外，绿茶、黄茶、不焙火的乌龙茶也都是不错的选择。需要指出的是，阴虚体质的人阳气太盛，一般睡前四五个小时不宜饮茶，以免引起失眠。

痰湿质——痰派

痰湿体质的人多痰湿凝聚，以形体肥胖、腹部肥满、口黏苔腻等痰湿表现为主要特征，多体形肥胖，腹部肥满松软，面部皮肤油脂较多，多汗且黏，胸闷，痰多，口黏腻或甜，喜食肥甘甜黏。以单位领导和男性及生活安逸的中老年人多见。应以饮食清淡为原则，少食肥肉及甜、黏、油腻的食物。平时多进行户外活动，长期坚持运动锻炼。衣着应透气散湿，经常晒太阳或进行日光浴。对于痰湿体质的人什么茶都可以喝，三年以上的贡眉和寿眉、新工艺白茶都是很好的选择，除白茶外，黑茶、焙火的乌龙茶都是不错的选择。

湿热质——长痘派

湿热体质的人湿热内蕴，以面垢油光、口苦、苔黄腻等湿热表现为主要特征，往往身重困倦，大便黏滞不畅或燥结，小便短黄，男性易阴囊潮湿，女性易带下增多，舌质偏红，苔黄腻。对夏末秋初湿热气候，湿重或气温偏高环境较难适应。平时应饮食清淡，多吃甘寒、甘平的食物，少食辛温助热的食物，应戒除烟酒，不要熬夜、过于劳累。盛夏暑湿较重的季节，减少户外活动。适合做大强度、大运动量的锻炼。

湿热体质的人如果肠胃没有毛病，喝一两年的白毫银针和白牡丹最好，白毫银针和白牡丹最大限度地保留了物质的活性，茶中的咖啡因、茶多酚等多种成分几乎都保留了下来，除湿去热效果最好。除白茶外，绿茶也是不错的选择。但湿热体质的人大多肠胃不好，喝白茶新茶和绿茶就不太适宜，可以喝七年以上的贡眉和寿眉，不焙火的乌龙茶也是不错的选择，虽然见效较慢，但平和不刺激，长期饮用对湿热体质的人有保健养生的功效。

血瘀质（冠心病、中风）

血瘀体质的人一般肤色晦暗，色素沉着，容易出现瘀斑，胸闷胸痛，口眼歪斜，半身不遂，口唇黯淡，舌黯或有瘀点。平时应多吃具有活血、散结、行气、疏肝解郁作用的食物，少食肥猪肉等。保持足够的睡眠，但不可过于安逸。可进行一些有助于促进气血运行的运动项目。血瘀体质的人什么茶都可以喝，而且可以适当增加浓度，喝七年以上的老白茶，尤其以老贡眉或老寿眉最好，除白茶外，原料较为粗糙的陈年普洱茶、六堡茶等黑茶也是不错的选择。

气郁质——郁闷派

气郁体质的人以神情抑郁、忧虑脆弱等气郁表现为主要特征，形体瘦者为多，以年轻人和林黛玉式的女性多见。对精神刺激适应能力较差，不适应阴雨天气。平时宜食用具有行气、解郁、消食、醒神作用的食物。尽量增加户外活动，可坚持较大量的运动锻炼，另外，要多参加集体性的运动，解除自我封闭状态。多结交朋友，及时向朋友倾诉不良情绪。气郁体质的人饮用白茶没有太多限制，一般下午四五点后就不宜饮茶，尤其是睡前应避免饮茶、咖啡等提神醒脑的饮料。

特禀质——过敏派

特禀质的人一般先天失常，以生理缺陷、过敏反应等为主要特征，多为遗传所致。饮食宜清淡、均衡，粗细搭配适当，荤素配伍合理。特禀质的人可根据自身特点尝试性地喝茶，但不宜过浓，以免导致对身体的刺激，为了减少刺激可以把第一泡倒掉不喝，以减少咖啡因的刺激。

上面详细地讲了九种体质人喝茶的大致原则，但我们的身体很复杂，往往不是单纯的一种体质，可能是以一种体质为主、另外一种或几种体质为辅的综合体质，有时候是很矛盾地同时存在，且我们人的身体状况是动态的，会随着季节更替、生活习惯、地域变迁等因素而改变，所以我们在喝茶中要注意我们身体的感受，如果身体反应好就坚持品饮，如果感受不好建议更换茶类，甚至暂时停止饮茶。

若以寒热为纲进行概括，我们的身体可分为寒性、热性和平性三类体质。一般来说，燥热体质的人，宜喝凉性茶，如绿茶、白茶等；虚寒体质者，宜喝温性茶，如红茶、黑茶等；平和体质的人，喝什么茶都可以。

笔者从多年喝茶、学习、从业及与众多茶友交流的经验中总结出一条规律：我们要遵循身体的感受来喝茶，喝什么茶舒服就喝什么茶，如果喝完某种茶后身体不舒服就应该停止喝这种茶，有时尽管理论上解释不了个中原因，但请相信我们身体的反应，它是最真实、最直接的判断标准。

● 二 看季节喝茶

春生、夏长、秋收、冬藏，随着季节的变化人体也会出现相应的变化，针对不同的季节饮用不同的茶类对健康大有裨益，反之则有损健康。白茶品类丰富、年份多样，总体可以满足四季品饮的需要，但并不是每一款白茶都适合四季品饮，每个季节适合喝的白茶也有不同。

（一）春季

"春三月，此谓发陈。天地俱生，万物以荣，夜卧早起，广步于庭，被发缓形，以使志生，生而勿杀，予而勿夺，赏而勿罚，此春气之应，养生之道也；逆之则伤肝，夏为寒变，奉长者少。" 春天大地回春，万物复苏，人体和大自然一样，处于生发之际，此时肝气上扬，肝主木，肝木喜调达，忌郁结。因此，当以通窍散郁为主。此季节以品饮香气馥郁的茶类为好，五年以上的白毫银针和白牡丹是不错的选择。除白茶外，香气高扬的凤凰单丛也是很好的选择。

春季虽气候已经慢慢变暖，但北方的天气乍暖还寒，此时虽已有新白茶和绿茶出现，但新茶寒性较强，有些不利于身体保健的物质还未转化完全，所以不宜品饮新茶，这是一个饮茶中的误区，需要特别注意。但如果只是从品尝的角度去品饮一两泡则不会有损健康。

（二）夏季

"夏三月，此谓蕃秀。天地气交，万物华实。"夏季是万物生长达到极致的时候，北方此时天气分外燥热，南方以湿热为主。夏天属心，人易躁易嗔，因此，夏季当以疏通心脉为主。每当炎夏，气温很高，体温不能向外发散，感觉很热很渴，很不好过，这是人们的共同体会，饮茶刺激发汗而解暑散热。但是饮茶过量或过浓，出汗过多，也不利于身体健康。夏季大家往往喜欢喝冷饮，南方有喝凉茶的习惯，其实，凉茶不利于发汗，还会延缓体内津液的转化，因此，并不利于解渴清热。

白茶是自然萎凋而成，传统白茶自然晾干，没有烘炒过程，由于温度较低，时间较短，吸热较少，而且芽心内包，不见日光，性寒凉，适宜于炎日当空、酷热的夏季饮用。此时喝当年的白毫银针和白牡丹，毫香花香兼具，口感爽甜可口，同时可以达到止渴、消热、解暑、去火、降燥、生津、强心、提神的功能。除喝白茶外，绿茶也是不错的选择。如阳虚体质，五年以上的老白茶茶性偏温不寒，是理想的夏季茶类。同时，黄茶和铁观音、台湾高山茶等清香型乌龙茶也是不错的选择。

（三）秋季

"秋三月，此谓容平，天气以急，地气以明，早卧早起，与鸡俱兴，使志安宁，以缓秋刑，收敛神气，使秋气平，无外其志，使肺气清。此秋气之应，养收之道也。"秋季为果实成熟、收获的季节，金风萧瑟，花木凋落，气候干燥，令人口干舌燥，嘴唇干裂，中医称之为秋燥。秋五行属金，主肃杀、收敛。这个季节较适宜饮用不寒不温的茶，既能清除余热又能恢复津液。秋季喝三到五年的贡眉和寿眉是很好的选择，三到五年的老白茶茶性平和，适合降秋燥。除白茶外，铁观音、大红袍、凤凰单丛、台湾乌龙茶等也是不错的选择。

（四）冬季

"冬三月，此谓闭藏，水冰地坼，无扰乎阳，早卧晚起。"冬天是阳气闭藏的季节。此时天气寒冷，气候干燥，阳气蛰伏，人要早睡晚起，注意保温，不要外露皮肤，免得阳气外泄。冬季当以养肾涵阳为主，因此，此季节最适宜饮用温性的茶类。白茶中七八年以上的老白茶是不错的选择，这时候，喝老白茶最好的方法不是泡饮，而是煮饮，煮上一壶老白茶，看茶气氤氲升腾、茶香满屋，喝一两杯后满口留香，浑身发暖，心情放松，实在是一种享受。除白茶外，红茶、黑茶及焙火的乌龙茶也是很好的选择。阴虚体质的茶友可以选择发酵较重的乌龙茶。

当谨记的是，以上只是单纯从季节选择出发提供的饮茶之法。无论何种季节，饮茶还需根据自身体质需要来选择。

三 看时间喝茶

早晨人需要补充水分，喝茶不仅可以补充水分，还可以提神醒脑，使人以充沛的精力投入工作。早茶适合9点到10点饮用，一般以饮用淡茶为主，不宜饮用浓度较大的茶汤。可以选择三年左右的白毫银针或牡丹王，淡淡的毫香可以提神醒脑，这两类茶中的咖啡因含量较高，可以驱走未尽的睡意，让我们保持清醒的头脑，精神百倍地开始一天的工作。其他茶类宜选择香气较高的茶类，凤凰单丛、铁观音茶都是不错的选择。

午饭后人容易困倦，且饭后食物需要消化，饭后半小时可以选择能帮助消化的白茶，咖啡因可促进胃液的分泌，帮助消化，白茶中的春茶咖啡因含量较高，且幼嫩原料中咖啡因含量较粗老原料高，一两年的春茶白牡丹是不错的选择。饮用其他茶类中的乌龙茶、红茶也是理想的选择。下午五点以后一般不宜大量饮茶，防止出现"醉茶"和低血糖等症状。

晚饭后可以选择不影响睡眠的白茶，七年以上的老贡眉或寿眉中的咖啡因含量少，对睡眠影响小，是不错的选择，但不宜饮用浓茶，以淡茶为好。其他茶类中的黑茶、红茶也是不错的选择。

老寿眉茶汤

第三节 | **白茶饮用常见问题**

💧 一 白茶长时间煮饮好吗？

　　白茶没有经过揉捻，细胞较为完整，冲泡白茶时浸出速度较慢，且物质浸出不充分，许多人为了寻求口感，常常采用煮饮法，以使物质充分析出，做到物尽其用。但物极必反，煮饮白茶要方法得当，否则只会适得其反。首先，只有七到十年的老白茶煮饮口感才好，而新白茶不但没有好的口感表现，还会破坏茶叶中的营养和保健物质。其次，白茶不宜久煮，其重要原因是久煮会使难溶于水的重金属、农残物等物质析出，不利于人体健康。一般来讲，应适量投放老白茶，为使白茶中的物质充分析出，第一次煮20分钟左右即可，第二次酌情延长煮饮时间，两泡后营养物质已基本析出，不宜再继续长时间煮饮，避免白茶重金属、农残物等物质析出。

♦ 二 茶杯里的茶垢要清除吗？

有些常年饮用茶叶的茶友不但没有清洗茶具的习惯，而且喜欢茶杯里积有一层厚厚的茶垢，认为用有茶垢的茶具冲泡茶叶才更有味，有的还立志要在茶杯中养出"茶山"。其实，茶垢对人体健康是极为不利的。它含有多种金属物质，这些物质在人们饮茶时被带入身体，与食物中的蛋白质、脂肪和维生素等营养络合，生成难溶的沉淀，阻碍营养的吸收。茶垢中还含有某些致癌物，如亚硝酸盐等，它们会影响人体健康。同时，茶垢中的营养物质会成为细菌、真菌繁殖的养料。综上所述，凡有饮茶习惯者，应及时清洗茶具，养成良好的科学饮茶习惯。

♦ 三 经期女性可以喝茶吗？

传统理论认为茶性寒，经期的女性饮茶会引起腹痛，并且经期是一个很特殊的时期，这时的女性易疲倦，抵抗力下降，如果经期里饮用大量的茶，很可能会引起一些经期综合征，这一理论是建立在以绿茶为主的基础之上的。但现代茶品中不少茶都有舒经活血的作用，对气血不下行造成的经期腹痛有很好的帮助，三五年的新工艺白茶、隔年的岩茶、隔年的红茶、老黑茶都是不错的选择。值得注意的是，经期女性失血较多，茶多酚会和铁离子产生络合，使得铁离子失去活性，容易造成妇女贫血，所以浓茶肯定不合适，宜饮用淡茶。

♦ 四 孕期、产期的女性可以喝茶吗？

茶叶中的咖啡因有一定的刺激性，对胎儿的刺激较大，且咖啡因在孕妇体内的代谢时间较长, 会对孕妇和胎儿造成较长时间的影响。如果处于这个时期的女性饮茶成瘾, 建议适量饮用淡茶以解茶瘾, 同时, 茶叶中的茶氨酸可以提高这个时期女性的免疫力, 使心情得到放松。

◆ 五 儿童可以喝茶吗?

现在的儿童出现营养过剩和营养不均衡交叉的情况较为多见。首先, 随着物质生活的改善, 儿童营养过剩, 会造成消化不良或大便干结, 久而久之, 对肠胃会有损伤。适当饮用一些淡茶可以促进消化, 下火通便, 对健康无害反而有利。其次, 儿童在生长发育期间需要均衡的营养, 但因为挑食等不良习惯导致微量元素的不平衡, 而茶叶中不但含有各种营养成分, 有利于人体需要, 而且茶叶中的很多营养物质均可溶于水, 便于人体吸收。所以, 身体没有特殊问题的孩子可以饮淡茶, 当然小孩子饮茶不能等同于成人, 孩子正在生长时期, 五脏功能不强大, 不宜饮用浓茶, 过浓的茶中咖啡因的含量过高, 饮用过多会使人过度兴奋, 导致小便多, 损伤肾脏。

除此之外, 茶叶中的各种维生素可以提高儿童的免疫力, 防止儿童视力下降, 对于儿童牙齿有保护作用, 也可以提高儿童的记忆力。儿童的体质差异较大, 茶区的儿童从两三岁就开始喝茶, 渴了就到茶桌上倒茶喝, 没有不良的反应; 北方的儿童接触茶叶较少, 往往对茶叶比较敏感, 如果喝茶引起失眠等不良影响就不宜再继续喝茶。笔者的两个儿子, 一个两岁、一个八岁, 都经常和笔者一起喝茶, 并没有失眠等不良反应。

六 贫血者可以喝茶吗？

茶水中含有茶多酚，而茶多酚可以与人体内的铁离子络合，生成不溶性的物质，从而阻碍肠黏膜对铁的吸收，使血液中的血红蛋白生成不足，导致缺铁性贫血或加重贫血者病情，所以贫血者不宜饮茶。

七 饭后立即喝茶好吗？

饭后喝杯茶是很多人的生活习惯，但其实饭后马上喝茶并不利于健康，饭后半小时内不宜饮茶。饭后立即喝茶，茶叶中的鞣酸会与蛋白质合成不易被消化的鞣酸蛋白质，使肠道蠕动减慢，造成便秘。同时，茶叶中所含的茶多酚可以与人体内的铁离子络合，生成不溶性的物质，阻碍肠黏膜对铁的吸收，从而导致缺铁性贫血，影响身体健康。

八 睡前喝茶好吗？

茶叶中的咖啡因能使神经中枢兴奋，睡前喝茶容易导致失眠，但经常喝茶的茶友对咖啡因的耐受度较高，如果不影响失眠就可以喝茶，一来补充水分，二来帮助消化。需要指出的是，白毫银针和白牡丹中的咖啡因含量远远高于贡眉、寿眉等原料粗老的茶类，且随着白茶的存放咖啡因含量逐渐减少，所以如果晚上想喝茶又害怕失眠，喝七年以上的老贡眉或老寿眉的淡茶是不错的选择。

● 九 茶可以解除烟毒吗？

吸烟与喝茶是最佳伴侣，有吸烟经验的茶友都有体会，喝茶时抽烟觉得茶有特殊的香气，是不抽烟时感受不到的，因为茶中的芳香类物质、糖类物质与香烟中的芳香类物质结合，会给人带来很好的感官享受。同时，香烟中的二氧化硫会刺激口腔中味蕾的敏感度，对茶香的感受更充分。除了口感的相互促进外，茶叶可以清除吸烟时产生的大量自由基，从而减少了吸烟对人体的伤害。同时，吸烟会造成人体内维生素C水平下降，给人的健康留下隐患。茶叶中维生素C的含量较丰富，浸出率可以达到80%左右，所以吸烟者饮茶可以适当补充由于吸烟造成的维生素C的不足，以保持人体内产生和清除自由基的动态平衡，增强人体的抵抗能力。同时，茶叶中的茶多酚可以起到抗细胞突变的作用，避免吸烟者的正常细胞出现病变。白毫银针和白牡丹是最适合吸烟者饮用的茶类，陈年的更佳。

● 十 醉酒后喝茶解酒效果好吗？

解酒最需要的是排出体内的有害物质，饮茶具有明显的利尿效果，醉酒者适当喝一些淡茶，让酒中的一些合成物质随小便一起排出体外，可以起到醒酒作用。但醉酒后喝浓茶会适得其反。因为人醉酒后酒精对心脏和心血管的刺激很大，如果饮用浓茶，茶里面的咖啡因会加速心脏跳动，进一步加大心脏的压力，特别是对于心脏功能不好的人更不适宜。

从中医养生的角度来说，以茶解酒不是上选，总这样会伤先天之本——肾脏。酒后饮茶，咖啡因有利尿作用，而此时酒精还尚未分解就进入了肾脏, 酒精对肾脏有较大的刺激性, 严重的会损害肾脏功能。同时由于体内水分减少, 形成的有害物质残留沉积在肾脏, 可能产生结石, 对身体造成双重的伤害。

◦ 十一 隔夜茶可以喝吗?

隔夜茶是否可以喝是长久以来一直有争议的一个问题, 笔者认为隔夜茶不喝为好, 原因有二: 首先, 放置时间过长的茶水中茶多酚会和咖啡因络合生成沉淀, 香气物质也会因为挥发而大大减少, 口感变得不好, 饮这样的茶不能带给我们愉快的饮茶体验。其次, 茶水隔夜后茶中的维生素大多已丧失, 失去营养价值, 茶汤中的蛋白质、糖类等会成为细菌、真菌繁殖的养料, 喝这样的茶对肠胃会造成刺激, 从而引发炎症。茶水中的一些有害物质不活跃, 正常的浸泡不能溶解于水, 长时间的浸泡会使氟化物等有害物质析出, 对身体造成影响。基于以上两个原因, 还是不要喝隔夜茶。

但喝隔夜茶致癌的说法则言过其实, 隔夜的茶水容易滋生亚硝胺, 而它是一种强烈的致癌物质。其实这种物质遍布于我们生活的各个角落, 食物、化妆品、酒、烟等都含有这类物质。其中含量最多的应该是我们最常吃的腌制食物, 咸菜、咸鱼、腊肉中的含量最多。人体本身就有分解亚硝胺的能力, 所以这些食物对我们没有大碍, 中国人吃了几千年也没有致癌方面的问题出现。何况, 要达到每千克体重吸收1000~2000毫克亚硝胺才有可能致癌, 正常人一般是无法摄取这么大量的。而隔夜的茶汤产生的亚硝胺并不是很多, 而且, 茶叶中的茶多酚对致癌物也有明显的抑制作用, 所以喝隔夜茶致癌不可信。

第九章

白茶收藏

只有好的新白茶存放后才能转变成好的老白茶，岁月能为白茶锦上添花，但岁月不会把劣质茶变成好茶，因为岁月不会变魔术。

随着白茶热的兴起，白茶成为许多茶友、茶商及投资界人士收藏的理想选择。白茶流行时间较短，很多收藏者对于白茶的认知不深，在存放品类的选择、存放的方法等方面都存在很多误区，常常因此产生无法弥补的损失。希望通过本章的论述，让白茶收藏者对白茶收藏有系统、科学的认知，达到合理收藏白茶的目的。

第一节 | 白茶为什么值得收藏

白茶可谓是"墙内开花墙外香"，欧美等国家对白茶的研究和利用已有很长时间，随着国内消费者物质生活水平的提高，开始对健康和养生日益关注，白茶才渐渐出现在国人的视野当中，白茶产区对于白茶长期持续的推广也为白茶热的兴起提供了强大的推力。随着白茶推广的深入和人们对白茶认知的深化，白茶收藏成为越来越多人的选择，究其原因主要有以下几点。

一 白茶具有良好的保健价值

茶叶的药用价值早被我们祖先发现并应用，白茶由于不炒不揉、自然萎凋，保持了较好的物质活性，所以具有良好的保健价值，比较确切的健康功效有预防癌症、调节血脂、降低血糖、增强免疫力、防止吸烟损害等。喝白茶还可对因吸烟造成损伤的DNA进行修复，且效果非常好。

二 白茶可以存放且品质更好

白茶由于其特殊的自然萎凋、不炒不揉的制作特点，有效地保留了茶叶中的各种物质，贮存多年的白茶，与生普洱一样，储存年份越久茶味越醇厚和香浓，素有"一年茶、三年药、七年宝"之说，而且陈化后保健效果更好，因此，老白茶极具收藏价值。

白茶随着存放时间的加长，其多酚类氧化物、黄酮等对人体有益的物质不断形成，黄酮是一种很强的抗氧化剂，可阻止细胞的退化、衰老，可防止多种人体疾病的产生，对于某些疾病也具有独特的疗效，根据国内外科学家多年研究证明，白茶，特别是老白茶，黄酮含量比其他五大茶类都高，而且白茶根据其陈化时间，黄酮含量逐年增加，其他物质也有明显变化。

三 白茶具有保值增值作用

白茶越陈越香，越陈保健价值越高，是理想的投资方向，可以实现货币的保值增值作用。

四 白茶具有良好的口感

白茶具有明显的毫香蜜韵，香气和滋味都比较平和，别有风味，尤其是老白茶会呈现出迷人的荷叶香或枣香，陈化后滋味更加醇厚，是广大茶友的理想选择。其品种分为白毫银针、白牡丹、贡眉和寿眉，这四种茶的外形、口感都有很大差别，使得白茶具有多样性，能符合更广泛人群多样化的需求。

第二节 | **白茶收藏总原则**

不论出于何种目的收藏白茶，都要选择能向好的方向转化的白茶。

白茶的收藏与马上饮用有很大区别，一般的茶只要当时饮用口感好就可以，不必考虑未来的变化，而收藏是为了在未来存放的过程中越变越好。白茶的收藏与股票的长期投资有异曲同工之妙，收藏者都希望存放的白茶越存放越好，价值逐年递增，而不愿意在入手的时候就是最高点，越放越差，价值逐年递减。可想而知，如果收藏者收藏的白茶越来越差，他的境遇有多尴尬：收藏的白茶口感越来越差，失去饮用价值；市场价值越来越低，投资失败；身边的人都知道他不懂白茶，失去茶友和投资人的信任，这实在是不堪承受之痛。

只有知道收藏白茶的难度和风险，才能慎重对待收藏白茶这件事。我们要选择一款能向好的方向转化的茶。具体来讲，只有产区清楚、原料优质、工艺完美的白茶才值得收藏。

一　弄清白茶产区

各个产区的白茶都有其特点，不论我们要收藏哪个产区的白茶，一定要先弄清楚再收藏，不要收藏几年后才发现收藏的茶产区不对。福鼎的白茶入口甜度明显，口感顺滑，香气丰富，久存后有独特毫香蜜韵和枣香、荷香等。政和白茶具有高山茶的特点，回甘明显，茶气较重。云南白茶香气高扬，厚重耐泡，存放后有独特蜜韵。

二　选择优质原料

白茶的工艺简单，所以原料对于白茶成品茶的品质影响很大，是决定白茶品质最根本的物质基础。只有优质的原料才能转化出好的品质，如果原料不好，内含物质不丰富，即使经过长时间的存放也不会有好的品质。一般来讲，荒野茶的内含物质较田园茶丰富；春茶的氨基酸和咖啡因含量高，甜爽醇厚；秋茶的茶多酚和糖类物质丰富，香气和滋味结合较好，存放后香气更为丰富；夏茶物质不够丰富，口感不佳，存放后不会有好的表现。同区域的高山茶品质较低海拔茶的内含物质丰富，但只有同区域的相互比较才有意义，因为受土壤及综合气候的影响，有些高山茶的口感表现并不好。

三　保证完美工艺

白茶存放后品质越变越好，主要是由其独特的制作工艺决定的，即使用同样的福鼎大白和福鼎大毫原料制作的绿茶和红茶也没有存放的价值，存放后品质会逐年下降。白茶的工艺是白茶值得存放最直接的原因，只有工艺完美的白茶才具备存放的前提。萎凋不足的白茶茶性偏绿茶，存放后转化缓慢且口感中的涩和苦很难转化掉，有的甚至出现类似绿茶过期的陈味；萎凋过度的白茶氧化较深，很多物质都已转化，已失去存放价值。粗制滥造的"白茶"就更没有存放的价值。笔者经常为茶友和茶商鉴别老白茶，有些年份真实的老白茶并没有好的香气和口感，主要是当时的工艺不好造成的，而茶友和茶商会经常觉得很委屈，年份真实为什么就不是好茶，笔者经常会以下面的话来结束鉴别的争议："垃圾放了一年是一年的垃圾，放了一百年是一百年的垃圾，年份不会改变它的本质。"

2003 年白茶样品

第三节 | **白茶收藏市场分析**

一 决定白茶价值的因素

《茶，一片树叶的故事》为我们揭示了茶叶的本质——树叶，这片不平凡树叶的生命意义是平等的，因为人的好恶而被我们赋予了不同的价值，具体表现为不同的价格。不同的白茶价格差异巨大，甚至有几十倍、上百倍的悬殊。究其原因，决定白茶价值的主要有如下几个因素。

（一）茶叶的成本是决定茶叶价格的最根本因素

人力、产量、制作工艺的难易都会对茶叶成本造成巨大的差异，这是决定白毫银针、白牡丹、贡眉和寿眉价格的根本因素。茶季，一个熟练的采茶工采摘一天的白毫银针茶青一般只能生产一斤左右的白毫银针，而采摘一天的寿眉茶青一般可以生产几十斤甚至上百斤的寿眉，所以同等年份的白毫银针价格一般是寿眉价格的20~30倍。

（二）茶叶的供求关系是决定茶叶价格的影响因素

茶叶的供求关系对茶叶价格有很大影响，茶叶供给大于茶叶需求，茶叶价格下降；茶叶供给小于茶叶需求，茶叶价格上升。小学时候学过一篇课文《多收了三五斗》，讲的是丰收年农民粮食产量增加但受各种因素影响总体收益反而下降的故事，这是我最早理解供求关系影响价格的启蒙故事。随着国内白茶热的持续发酵，白茶的需求量大幅度增长，但白茶的供给量也增长迅速，这就要求收藏者对不同品类及区域的白茶供求关系做出长期的预测，以指导茶叶的采购和收藏。

（三）茶叶的稀缺性是决定部分茶叶的刺激因素

"鬼谷子下山青花罐""鸡缸杯"等文物在拍卖中都创下了几千万甚至上亿的纪录，但是这种瓷器寒不可衣、饥不可食，除具有一定的研究价值外，实用价值是非常有限的，且等比例的复制品没有什么价值，究其原因，主要是由其稀缺性造成的。由于白茶的流行时间较短，老白茶的存量少之又少，所以一时间老白茶的价格动辄上万元，这主要是由其稀缺性造成的。现在市场上的白茶存量很大，十几年过后，这些白茶也都将变成十几年，甚至更久的老白茶，但那个时候，十几年老白茶的价格可能比现在同年份的白茶低很多，这主要是由稀缺性造成的。

◆ 二 市场现有白茶的存量分析

了解了白茶价值及价格的影响因素后，再让我们了解一下市场现有白茶的存量情况。

（一）一两年白茶产量分析

白毫银针的采摘期短，只有春茶的头轮银针才值得收藏，而且天气对白毫银针的产量影响很大，不管市场需求如何，产量都很难有大的提高，随着白茶推广的深化，白毫银针供给和需求的差距会逐渐拉大，所以白毫银针是较为理想的收藏品类，牡丹王的情况跟白毫银针相似。白牡丹产量较大，但只有春季才能生产出高等级的产品，秋季虽也有生产，但产量小，品质较春茶弱，所以高等级的白牡丹产量有限，升值空间巨大，而等级较低的白牡丹产量巨大，内含物质丰富，价格也较为便宜，性价比较高。贡眉和寿眉产量巨大，价格便宜，转化后口感好，降血糖、降血脂的功效好。

（二）老白茶的存量分析

老白茶是相对概念，现在一般三年以上的白茶都可称为老白茶，由于白茶的兴起，从2010年左右生产白茶的企业逐渐增多，特别是在2014年左右白茶企业如雨后春笋般涌现，使得白茶产量剧增，生产水平也得到大幅度提升。三年左右的老白茶相对较多，刚到了白茶转化的第一个阶段，甜爽回甘，也初具了白茶的魅力，且三年左右的白茶性价比非常高。

五年左右的老白茶相对较少，口感香气也已经非常适合饮用；七年以上的老白茶产量和存量都非常有限，口感香气已经很好，属于稀缺白茶；十年以上的老白茶已属于珍品, 数量极少, 往往价格不菲。几十年的白茶要靠缘分, 能喝到一泡年份真实、口感纯净的老白茶即是茶缘不浅, 不用刻意追求, 且千辛万苦追求到也因高昂的价格而让很多人望而却步。需要指出的是, 同年份的白茶原料等级越高存量越少, 外形越完整存量越少, 所以价值和价格也就越高。

三 白茶收藏人群分析及策略

从六大茶类总体的价格来看, 白茶由于流行时间较短, 平均价格仍然处于六大基本茶类的低点, 比如: 一斤工艺精湛的正岩大红袍的平均价格大概为一斤头轮福鼎白毫银针的平均价格5倍以上, 价格差异如此巨大, 说明白茶的价格上涨空间巨大。随着白茶推广的逐渐深化, 白茶的价格在逐年上涨, 上涨趋势还较为迅速, 直到白茶价格基本与其他五大茶类价格持平后, 才会放慢价格上涨的速度, 所以白茶仍然是收藏、增值、保值的理想茶类。但不同品类及不同年份的白茶会有不同的增长空间, 我们也应该根据不同的收藏目的而采取不同的收藏策略。具体来讲, 我们可以以人群为维度来具体分析不同人群的收藏策略。

普通茶友收藏主要是为了自己和家人喝, 所以收藏相对简单, 只要收藏自己喜欢品类的白茶就可以, 尽量收藏同品类中质量较好的白茶, 以保证转化后有良好的口感。资深茶友可以多品类、多年份收藏, 以切身感受各品类白茶在转化中的规律, 在日常饮用中更换品类以感受不同白

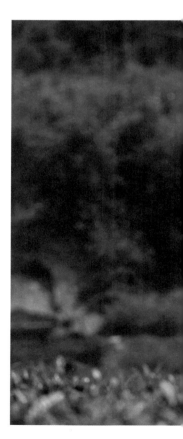

茶的口感差异。白茶经营者要做好销售、收藏的短、中、长期规划，要注重短期的销售，不宜过度收藏，但同时也要做好中、长期白茶销售的计划，在三到五年的经营过程中形成卖老茶、存新茶的销售模式。以投资为目的的收藏者主要以投资增值为收藏对象，短期投资者可以选择三年左右的白茶，存一两年后白茶就有大幅度增值，可短期得利；长线投资者可以选择当年的白茶投资，经过长时间的存放后得利，但长线投资会受到众多因素影响，应谨慎。

笔者在茶园

第四节 | 白茶收藏需注意的问题

在选择收藏的白茶时要抛掉制作者、产地、品牌的制约，甚至不能过于迷信自己所制的白茶，只需简简单单地选择一款好白茶，且能向好的方向转化的好白茶。

不要迷信茶师。现在茶圈的人喝茶、存茶往往附加了太多的东西，使喝茶不再是单纯的喝茶，这种态度会影响大家对白茶的选购和收藏。很多人迷信"大师茶"和"名人茶"，一方面是真正的大师和名人很少，另一方面即使是真正的大师和名人也不是每款茶都做得好，所以在选茶时要冲破大师和名人的束缚，我们对大师和名人要心怀敬意，但对大师和名人的茶要精中选优，人和茶并不是一回事，不应盲目崇拜。更需要指出的是，收藏白茶要找白茶的大师和名人，不要去找普洱、红茶的制作大师或茶艺大师，犯这种错误是愚蠢的。

不要迷信产地。虽然自古名山产好茶，但也要有分别心。同一个地区茶农、制茶能手、各种规模的茶厂都在产茶，方法也多种多样，所以所制白茶风格各异、品质参差不齐，我们需要根据我们的喜好选择适合我们的白茶。

不要迷信品牌。品牌的形成是个人和企业长时间打造的，有一定的美誉度与知名度，很多茶友为了省事常常选择品牌茶，这是一条捷径，但也要有分别心。首先，品牌白茶都有自己鲜明的特点，要选择一个符合自己的品牌进行购买和收藏。其次，在选择品牌茶时要选择原料好、工艺完美的产品收藏，不要贪图便宜，收藏低品质的白茶。再次，由于企业生存压力巨大，有些品牌企业也有粗制滥造的现象，要注意区分。

不要迷信自己。有的收藏者很认真，亲自跑到茶厂做茶，这种"绝知此事要躬行"的态度值得肯定，但效果有待探讨。须知好多茶师和企业都有几十年的制茶历史，他们通过多年制茶经验的积累才能精确地掌握制茶工艺，制出好茶。白茶是工序简单，工艺复杂的茶类，长达48～72小时的制茶过程中，茶叶的内含物质发生复杂的氧化、聚合、异构、分解等生物化学变化，绝对不是一两天就能掌握的工艺。如果长期待在茶厂参与生产，经过几年的学习掌握白茶生产的规律，可以参与白茶的生产，得到自己想要的白茶，这是值得肯定的做法；而很多茶友到当地一两天后就认为凭借自己的超凡领悟力"掌握"了白茶的生产规律，让茶农和工厂按照他们的要求做茶叶，认为自己制作的白茶才是最正宗、工艺最天然的白茶，这种做法往往愚蠢至极。笔者曾经有一个茶圈的朋友到福鼎"游学"了三天，在游学的第一天累得腰酸背痛，带领十几个工人到茶园采了几十斤的白牡丹茶青，回去自己把茶青放到水筛萎凋，并吩咐工厂不要动她水筛上的茶青。第二天去太姥山探寻白茶历史的足迹，晚上夜宿太姥山。第三天上午去翠郊古民居感受近现代白茶的气息，下午返回茶厂，用手摸了摸纯日晒的白茶，认为已经干了，就让茶厂装箱准备发回北京。茶厂的厂长说还没干透，需要干燥一下，大概一周后才能发货，为此双方还发生了争执，无奈之下茶厂把茶叶装箱发回北京。我朋友把茶精心存放了一个多月后决定开一次茶友会，主题为"阳光的味道"，笔者也在受邀之列。我朋友沐浴净手后，在大家期待的眼神中打开了尘封一个月的箱子，缓缓打开包装袋后，感受到的不是"阳光的味道"，而是"酸酸的味道"，茶叶颜色也已经变得红褐，完全失去了品饮和存放价值。这是一个失败的案例，但给我们上了一堂印象深刻的课——不要迷信自己。

荒野茶园

第五节 | 白茶如何存放

▲ 一 白茶存放的影响因素

(一) 茶叶含水量

存放过程中, 白茶含水量对白茶品质影响巨大, 为了长期保存, 白茶的含水量要求控制在6%以下, 如果白茶中水分含量超过7%, 叶绿素会迅速降解, 茶多酚会自动氧化, 令茶叶变质加速, 特别在气温较高、湿度较大的条件下, 白茶容易发霉变质, 不堪饮用。有些刚生产完的白茶品质很好, 在存放环境温度和湿度都很理想的情况下仍然会出现质量下降的情况, 主要是由于茶叶自身含水量超标造成的。白茶的国家标准GB/T 22291-2017《白茶》中规定, 白茶的含

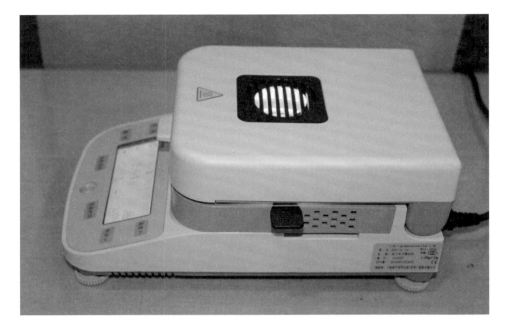

电子水分测量仪可以方便、准确、快捷地测出茶叶含水率。

水量≤8.5%，这个含水量可以抑制微生物的繁殖，但对于茶叶的存放则过于宽泛，容易造成茶叶存放过程中品质下降，实在值得商榷。

（二）温度

温度对茶叶的香气、汤色、滋味、形态均有很大的影响，高温能促使茶叶内部物质发生化学反应，温度越高，反应速度就越快。所以白茶在贮存过程中，必须注意控制温度和湿度，温度过低，白茶陈化速度较慢，温度过高，会使茶叶的内含物质氧化加快，促使茶叶"陈化"加快，但如果"陈化"速度过快，白茶中的内含物质会减少，导致白茶品质下降。在夏季高温期间，要尽量保持仓库里的气温不超过30摄氏度，还要采用既能隔热又能密封的容器贮存茶叶，在这样的环境中贮藏的茶叶，就能避开高温对质量的影响。

（三）湿度

湿度对白茶的存放影响巨大，一方面白茶吸收空气中的水分后会使水分超标，引起白茶变质；另一方面不同的湿度会使空气中的微生物环境发生改变，对茶叶转化后的口感产生很大影响。白茶的存放湿度较普洱更为严格，相对湿度控制在60%以下比较理想。白茶产区的夏季7~8月份，气温高达37~39摄氏度，相对湿度又较高，要特别注意防止茶叶吸潮变质。

（四）氧气

茶叶中的茶多酚与空气中的氧结合而发生氧化反应，会使白茶发生质的改变，使茶汤色变红、变褐，暴露在空气中越久，氧化得越严重。白茶存放中对氧气的需求与普洱茶不同，普洱茶存放要求有充分的氧气，以促进内含物质迅速转化，而白茶的原料和工艺与普洱有很大不同，白茶既不能充分与氧气接触，也不能把空气排干，要在有限不流通的供氧环境下才能有好的转化效果。有些白茶销售店铺把散白茶开箱展示，一个月后白茶品质出现明显下降；白茶饼长期摆在货架上，在氧气充足、长期光照的环境中，品质大大下降。使用抽真空、充氮气、除氧剂等方法保存白茶，白茶的转化基本停止，内含物质不会转变，使存放失去意义。曾经有福鼎的茶叶企业在2008年生产了一批充氮气的白毫银针，现在喝起来还像新茶一样，为我们存放白茶提供了案例。

（五）光线

光是一种热能，茶叶内在物质受到热的作用，可使其发生变化，从而使茶叶变质，所以，在茶叶贮存中，也不能忽视光线对茶叶质量的影响。实验证明：茶叶在透明的容器里放置10天（避免日光直射），维生素C就会减少10%~20%；如果用1700勒克斯荧光灯照射, 在25摄氏度下放置30天, 茶叶颜色就会变褐, 香气、滋味明显变差, 甚至不能饮用, 用仪器进行分析, 就会发现芳香物质减少, 氧化产物增多。我们现在装白茶样品的袋子一般为透明塑料袋, 如果改为不透明的锡箔袋装样品效果会更好。用来贮藏和包装茶叶的容器必须是不透光的, 否则茶叶中的叶绿素等化学成分会发生变化, 使茶叶颜色变成黄枯色、红色, 内含物质也会有所改变, 造成茶叶异味、香气消失, 汤色发暗等不良变化。

（六）异杂味

茶叶由于含有棕榈酸, 并且具有较多毛细孔, 所以具有很强的吸附性, 极易吸收各种味道而影响其品质, 制作白茶的品种由于其生物结构的特殊性, 吸附性很强, 这也是大白品种制作茉莉花茶品质优异的根本原因, 但这一特性要一分为二看待, 白茶吸附异杂味的能力也很强, 所以存放中不能与有异杂味的物品存放在一起, 更不能用有味的包装材料包装茶叶, 不能用不卫生的车辆运送茶叶。有些茶区的交易市场都是上下两层的复式楼房格局, 既做生意、存茶, 又住人, 所以有些茶叶就吸附了很多生活中的杂味, 降低了茶叶的纯净度, 这是需要注意的问题。

二 白茶存放误区

白茶兴起时间较短, 陈放历史也较短, 收藏者往往是参照普洱茶的存放方式存放白茶, 所以出现了很多问题。把白茶放在紫砂罐或陶土罐中存放是最常见的问题, 用紫砂罐或陶土罐存放茶叶确实美观, 但存放一段时间后茶叶品质会有所下降。美观的同时也应该注重实用性, 如果把白茶用锡箔袋密封后再装入紫砂罐或陶土罐中存放效果就非常好。把白茶饼放在架子上存放也是个常见的问题，在供氧充分、光照充分的环境下白茶品质迅速下降，比较好的方法是把需要长期存放的白茶饼单个放入专用的白茶自封袋中密闭保存。有些茶友一边存放白茶一边饮用，反复打开存放白茶的箱子，须知每打开一次，箱内的氧气环境就会改变一次，不利于白茶的稳定转化，正确的做法是把需要长期存放的白茶和饮用的白茶分开存放、包装，不要经常打开准备长期存放的包装。白茶的袋子打开后应排掉多余空气后用夹子夹紧，或把经常饮用的白茶放入带拉链的自封袋中，每次取完白茶就排掉多余空气封好。在阳台上存放茶叶是城市中常见的方式，由于城市住宅面积有限，许多收藏者经常会把白茶放在阳台存放，阳台一般都是由玻璃组成的，形成了一个天然暖棚的效果，光线照射时间长，冬夏温差大，存放后往往转化并不理想。有些存放者把白茶尤其是白茶饼直接放在地面上，这个现象也很常见，正确的方法是存放时不要让白茶接触地面，尽量在存放白茶的下面垫个可以透气的架子，一方面不会有潮气，另一方面防止自来水跑水等潜在的危害，家里养鱼的茶友尤其要注意这个问题。有些存放者为了存一款口感干净的茶而把茶叶存在内蒙古、甘肃等地区，这样转化时间会大大加长，湿度过大对白茶转化有害，但存放环境过于干燥也不利于白茶的转化，适度的温湿度是最好的。

◦ 三 白茶存放策略

（一）包装箱保存

　　大批量存放白茶一般都采用纸箱保存，纸箱价格低廉，码放容易，节省空

纸箱存放

间。现在整箱的白茶多用塑料复合薄膜袋作为内包装，塑料袋外面以锡箔进行二层包装，纸箱作为外包装，这样的包装不易破损、密闭性好、防潮保香、防异味、透射率低、价格适宜，可满足白茶长期保存的需要。

（二）瓷罐保存

瓷罐美感十足，同时，密闭性和遮光性都很好，是存放白茶很好的选择，但使用瓷罐保存要求瓷罐的密封性要好，建议用锡纸或布垫在封口处，这样就达到了密封的要求，存放时要把瓷罐装满、装紧，但不要把茶叶弄碎。如果短时间就要饮用的茶，可以用小一点儿的瓷罐，密封要求就没有那么高了；要是长期存放，可以选择大一些的瓷罐，并且密封性要好。瓷罐内部经常会有粉尘，放茶前要用布把瓷罐的内壁擦干净，如果有杂味要把杂味去掉后再存，否则会被白茶吸附，影响茶叶口感。

（三）紫砂罐和陶罐保存

紫砂罐和陶罐质朴而天然，与白茶的茶性很和，被很多藏友用来存放白茶。没有挂釉的紫砂罐和陶罐不能直接存放白茶，但可以把用锡箔袋密封好的白茶放进去存放，以求其外观上的美感。内壁挂釉的紫砂罐和陶罐可以用来存放白茶，原理和瓷罐相似，要求密封性好、装满、罐内干净无杂味。

（四）茶叶袋保存

透明塑料制作的茶叶袋一般不适宜存放白茶，用内壁有锡纸的牛皮纸袋或锡箔袋密封保存是最经济实用的保存白茶的方式，这类包装规格多样，茶友可根据自己的需要来选择适宜大小的茶叶袋。如果要经常饮用，也可以用封口带拉链的锡箔袋保存，免去每次取完茶叶还要用密封夹的麻烦。

（五）不同地区白茶存放策略

由于南北方的温湿度和空气中微生物有巨大差异，南北方存放的白茶会有很大的不同。一般来讲，南方的气温高、湿度大，白茶的转化速度较快，而北方气温相对较低，较为干燥，转化速度较慢，但转化出来的茶叶口感纯净、爽甜度好。如果不需要白茶快速转化，而是以白茶的口感和品质为首要前提，在北方存放是不错的选择。如果要求既要转化快又要转化好，可以采取先在南方存放一两年，然后运到北方再存放一两年的做法。在南方存放和在北方存放的同一批茶，在存放几年后品质会出现差异，要分开进行存放和销售。

笔者教孩子们学习泡茶

白茶展望

白茶圈里的人说白茶是"千年的孤独，迎来一世的繁华"，白茶是在2010年世博会以后才逐渐出现在国人视野里的，从最初分不清福鼎白茶和安吉白茶的混沌时期，到慢慢开始了解白茶、品饮白茶，对白茶的了解日渐深化。随着对白茶认知的深化，白茶渐渐出现了一些新趋势，掌握这些新趋势，便于我们预测白茶的未来发展方向，指导我们收藏白茶、品饮及保健养生等。

口感将越来越受到重视

茶叶、咖啡和可可被定义为世界三大非酒精饮料，而作为饮料，口感是第一位的。茶叶虽然有保健养生的作用，但终归不是保健品，更不是药物，过于夸大茶叶保健功效的行为都是不理智的行为。"一年茶，三年药，七年宝"是大家耳熟能详的谚语，但"成也萧何，败也萧何"，因为白茶存放后口感更好，保健价值更高，满足了现在各方面人群保健和投资增值的需要，但因为白茶兴起时间较短，高质量的老白茶少之又少，而市场需求巨大，所以导致大量的劣质老茶和仿老茶的出现，这些茶以老茶概念销售，混淆视听，口感虽然不好，可在老茶的包装下依然大行其道，而且往往价格不菲。如果回归口感为主来评判白茶质量的好坏，这样茶友们方可拨开云雾见太阳，真正选到好的白茶。也只有用口感为标准来评判白茶，才会使白茶生产企业努力改善生产技术，逐渐提高白茶的质量。

随着白茶推广的不断深化，茶友对白茶口感的品鉴能力也会逐渐提升，只有好的白茶才能经得起时间的考验，赢得茶友的青睐。白茶的问题不应该单独考虑，而应该放到六大茶类中整体分析白茶，如果白茶的口感不佳，很容易被其他茶类所替代，要想在六大茶类中持久地占有一席之地，口感好才是王道。

荒野茶鲜叶

品饮与保健将分为两个方向

随着白茶的发展，白茶的保健功效会越来越受到广大茶友和专业机构的重视，白茶单纯的品饮和保健功能将分为独立的两个方向发展。白茶日常品饮也应该有保健养生方面的考虑，针对不同的人群、不同的季节进行品饮，白茶的销售人员和企业应该担负起教育消费者、为消费者提供有价值保健方案的义务。同时，针对白茶的各种保健品和药物也会成为越来越多人的选择，随着白茶生物化学和保健养生研究的深化，人们对白茶的运用也会随之深化。

享受白茶良好口感的同时，也会随之获得白茶的保健养生功能。但这还是以品饮白茶为首要目的，以保健养生为次要目的。不以享受白茶滋味为首要目的，而是以纯保健养生，甚至辅助疾病治疗为首要目的的白茶及白茶制品的消费会逐渐上升。这部分人可能对白茶的口感要求并不高，而对于保健养生的功能性要求较高，甚至只消费白茶的单项提取物，比如茶多酚、茶氨酸等。

同时白茶的延伸产品，诸如白茶牙膏、白茶化妆品、白茶食品等将大行其道，这类延伸产品走入人们的日常生活会加大白茶的总体消费量，对白茶的整个行业有巨大的影响。

白茶深加工产品

鸣 谢

　　这本书是在社会各界朋友的关心和帮助下完成的，感慨良多，除了感谢还是感谢。在本书的创作过程中，逃避了很多家务劳动，是妻子一人扛起了全部的家务劳动，才使我能够全身心投入创作当中，所以妻子是我首要感谢的人。在本书的创作过程中，得到北京马连道指挥部各位领导的帮助，使书籍出版更加顺利。感谢一直教导我的恩师王顺明先生，他是我的偶像，从老师身上学到很多茶叶知识和做人的道理，并感谢老师为我的书籍题写书名。感谢浙江大学茶学系主任屠幼英教授，她是位德高望重、桃李满天下的学者，老师在百忙中抽出时间对全书内容进行了修改和提升，使全书更加专业和严谨，并感谢老师为我的书题序。感谢我的老师林飞应先生，他是位把毕生心血都奉献给福鼎白茶的大师，在本书的创作过程中给予很多中肯合理的意见，提高了本书的专业水平。感谢恩师周文堂先生，他是中国茶叶博物馆的资深研究员，是他从茶艺方面给予书籍很多指导，提升了本书的艺术性。感谢在此书出版过程中给予帮助的福鼎新工艺白茶之父王奕森老先生，他是位桃李满天下的资深茶人，至今还在不知疲倦地传播白茶文化。感谢提供建阳小白和建阳水仙白茶茶样的建阳漳墩贡眉非物质文化遗产传承性代表人陈兴备先生，他倾其一生制作和传承建阳小白和水仙白茶，值得尊敬。感谢政和白茶非物质文化遗产传承性代表人许益灿先生，他和他的企业对政和白茶的推广功不可没。

感谢在此书创作过程中给予帮助的郑红女士，她是位资深茶人，对白茶有深刻的理解，为本书提供很多茶样。感谢此书创作过程中给予不断鼓励的茶人贾翠娈女士，她对白茶的热爱让人钦佩，对白茶的要求精益求精。感谢北京政和县商会秘书长叶启唐先生为本书提供茶样并给予很多指导。感谢老茶人陈成意为本书的出版提供很多合理建议，提升了书籍的整体水平。感谢朋友陈永祥从茶树的品种及制作工艺方面提供的帮助，他企业的茶叶品质很好，希望他的企业更上一层楼。感谢茗正堂李政明先生及妻子胡育萍女士，他们从事茶叶行业20余年，对于茶叶的认真态度值得我们学习。感谢朋友陈常瑞先生，他对茶叶的热爱达到近乎痴迷的状态，制作的茶叶也很有特点。

感谢一直在我身边鼓励支持的朋友路文旭先生及其家人，为我新书的出版和推广持续努力。感谢我的好友秦东方先生及其家人，他是位杰出的企业家，在我从事茶叶的道路上一直给我提供支持。感谢我的朋友贾福东先生及其家人，在我书籍创作和出版过程中给予巨大的帮助。感谢我的朋友朱志先生，他爱好传统文化，是一位饱读诗书的雅士，可以促膝长谈，可以谈经论道，是我的良师益友。感谢我的同学张长文先生，在我从事茶叶的路上一直默默支持我。感谢我的朋友孙来鸿先生，一直在我身边给我鼓励和支持。

感谢一直陪伴在我身边的茶人胡继政先生，他是位精神境界很高的茶人，对于茶叶有自己的独特看法，冲泡白茶也是位不可多得的高手。感谢我的朋友多鹏先生，他是来自内蒙古的少数民族，对于茶叶的热爱让他不远千里来到北京，在学习茶叶的路上一路精进。感谢我的朋友张磊女士，她对于茶叶的热爱让她投入到茶叶领域，并且用她的聪明才智把企业做得风生水起，值得我们学习。感谢我的朋友杨红霞女士，她是位执着的茶人，对于茶具和茶叶都有深厚的积淀。感谢我的朋友左嘉旭先生，帮助我收集和整理大量的资料，对于我论文的很多章节给予改进意见。感谢我的朋友封晓媛女士，她是位有情怀的茶人，对于青少年茶文化培训有深厚的积淀。感谢我的朋友武燕女士，她是位很棒的茶文化讲师，为我书籍的出版提供很多合理建议。感谢我的朋友于岚兰和苏力女士，她们一直致力于推广茶文化和中国式生活方式，对于传统文化的传播尽心尽力。感谢我的朋友李雅娟女士，她是位精通茶艺和茶叶的茶人，一直坚持培训和茶文化传播。感谢我的朋友赖见水女士，她是位从业近20年的资深茶人，对于好茶的追求让她不知疲倦，她在我书籍出版过程中给予很多帮助。感谢我的朋友赵宏亮先生，他是位善于营销策划的茶人，为我新书的策划和出版提供很多宝贵意见。感谢我的朋友谷玉梅女士，她是位豁达热情的茶人，在学茶的道路上不断前行。感谢我的朋友高海燕女士，她对白茶有深刻的体会与理解。感谢我的朋友樊益敏女士，她对白茶的热爱和执着让人感动，对白茶的品质精益求精，在我创作的过程中给我很多鼓励。感谢李琦琛先生，在我书籍视觉上提供很多专业上的建议。感谢我的姐姐李晓翠女士，多年长此以往的支持我走茶叶之路，积极地出谋划策，提供资金的支持和情感上的勉励，让我一次次的重塑推广茶文化的信心。

感谢郑树春先生，他是位杰出的企业家，同时也是位热心助人的仁义之士，对我个人长久的关心和帮助一路助我前行。感谢我的大哥向永红先生，他总是从战略和企业经营的方面给予我很多指导。

感谢我的朋友谢鸣晖女士和他的丈夫王一鸣先生，他们在山里寻茶探究种茶与制茶，在城市中以善行茶，参悟茶道。我们在茶中遇见是必然的，二人为我的书籍提供很多有价值的图片，丰富了书籍内容。

参考文献

[1]陈宗懋, 甄永苏.茶叶的保健功能[M].北京: 科学技术出版社, 2014.

[2]叶乃兴.白茶科学、技术与市场[M].北京: 中国农业出版社, 2010.

[3]袁弟顺.中国白茶[M].厦门: 厦门大学出版社, 2005.

[4]杨丰.政和白茶[M].北京: 中国农业出版社, 2017.

[5]吴锡端, 周滨.中国白茶: 一部泡在世界史中的香味传奇[M].武汉: 华中科技大学出版社, 2017.

[6]陈兴华.福鼎白茶[M].福州: 福建人民出版社, 2013.

[7]秦梦华.第一次品白茶就上手[M].北京: 旅游教育出版社, 2015.

[8]宛晓春.茶叶生物化学[M].北京: 中国农业出版社, 2003.

[9]郑乃辉, 张方舟等.茶叶制造[M].北京: 中国农业出版社, 2004.

[10]陈椽.茶药学[M].北京: 中国展望出版社, 1987.

[11]周红杰.普洱茶健康之道[M].西安: 陕西人民出版社, 2007.

[12]王岳飞, 徐平.茶文化与健康[M].北京: 旅游教育出版社, 2014.

[13]林乾良.茶寿与茶疗[M].北京: 中国农业出版社, 2012.

[14]蔡鸣, 胡楠.茶壶里泡出健康[M].南京: 江苏科学技术出版社, 2008.

[15]林乾良, 陈小忆.中国茶疗[M].北京: 中国中医药出版社, 2012.

[16]丁辛军, 毕晓峰, 张莉.这样喝茶最健康[M].南宁: 广西科学技术出版社, 2012.

[17]程启坤, 江和源.茶的营养与健康[M].杭州: 浙江摄影出版社, 2005.

[18]林治.茶道养生[M].西安: 世界图书出版西安公司, 2006.

[19]唐译.图说养生茶[M].北京: 北京燕山出版社, 2009.

[20]王开荣.珍稀白茶[M].北京: 中国文史出版社, 2005.

[21]白茗.常饮白茶能抗衰老[N].中华合作时报, 2003-09-05.

[22]王宏树, 汪前.饮茶对人体的保健作用与生理功能[J].农业考古, 1994 (2) .

[23]白茗.白茶可助治痢疾[N].中华合作时报, 2003-06-27.

[24]蔡良绥.常喝白茶能抵御病毒的危害[N].中华合作时报, 2003-05-30.

[25]白茗.白茶可降血压[N].中华合作时报, 2003-07-11.

[26]白茗.白茶可治糖尿病[N].中华合作时报, 2003-08-22.

[27]王刚, 赵欣.两种白茶的抗突变和体外抗癌效果[J].食品科学, 2009 (11) .

[28]陈宗懋.茶与健康专题——茶叶内含成分及其保健功效[J].中国茶叶, 2009, 31.

[29]陈宗懋.青春茶水送健康 (四) [J].茶博览, 2004 (总第44期) .

[30]池玉洲.福建白茶的基本特性及其药理作用[J].福建茶叶, 2007 (2) .

[31]蔡良绥, 苏峰.常用白茶好处多[N].中华合作时报, 2002-12-12.

[32]陈可冀.抗衰老中药学[M].北京: 中国展望出版社, 1987.

[33]王垚等.茶叶审评与检验[M].北京: 中国劳动社会保障出版社, 2002.

[34]王汉生.绿茶的色、香、味[J].广东茶叶, 2005 (5) .

[35]杨伟丽, 肖文军, 邓克尼.加工工艺对不同茶类主要生化成分的影响[J].湖南农业大学学报 (自然科学版) , 2001.27 (5) .

[36]朱永兴, Hervé H, 杨昌云.饮茶不当对健康的危害: 现象、机理及对策[J].科技通报, 2005.21 (5) .

[37]屠幼英, 胡振长.茶与养生[M].杭州: 浙江大学出版社, 2017.

[38]古勇, 李安明.类黄酮生物活性的研究进展[J].应用与环境生物学报, 2006.12 (2) .

[39]罗海辉.茶叶中黄酮类物质的色谱分析及相关性质研究[D].长沙: 湖南农业大学, 2007.

[40]安徽农学院.茶叶生物化学[M].北京: 农业出版社, 1984.

[41]塔姆辛·S.A.思林, 保利娜·希利, 德克兰·P.诺顿.21种植物提取物的抗胶原酶、抗弹性酶和抗氧化活性[J]. BMC补充和替代医学, 2009-8-4.

[42]张天福.福建白茶的调查研究[J].茶叶通讯, 1963-03-02.

[43]林今团.建阳白茶初考[J].福建茶叶, 1999 (3) .

[43]陈常颂, 余文权.福建省茶树品种图志[M].北京: 中国农业科学技术出版社, 2016.

[44]杨文辉.关于白茶起源时期的商榷[J].茶叶通讯, 1985-03-02.

[45]吴觉农.茶经述评[M] .北京: 中国农业出版社, 2005.

[46]陈宗懋, 杨亚军等.中国茶经[M] .上海: 上海文化出版社, 2011.

[47](宋)赵佶等著; 日月洲注.大观茶论[M] .北京: 九州出版社, 2017.

ICS 67.140.10

X 55

中华人民共和国国家标准

GB/T 22291—2017

代替 GB/T 22291—2008

白　茶

White tea

2017-11-01发布

2018-05-01实施

中华人民共和国国家质量监督检验检疫总局
中国国家标准化管理委员会 发布

前　言

本标准按照GB/T 1.1—2009给出的规则起草。

本标准代替GB/T 22291—2008《白茶》。与GB/T 22291—2008相比，除编辑性修改外主要技术变化如下：

——调整部分引用标准；

——增加术语和定义；

——产品中增加"寿眉"并规定相应的感官品质和理化指标；

——理化指标中增加水浸出物指标。

本标准由中华全国供销合作总社提出。

本标准由全国茶叶标准化技术委员会（SAC/TC 339）归口。

本标准起草单位：中华全国供销合作总社杭州茶叶研究院、福建省裕荣香茶业有限公司、福鼎市质量计量检测所、福建品品香茶业有限公司、福建省天湖茶业有限公司、政和县白牡丹茶业有限公司、政和县稻香茶业有限公司、福建农林大学、国家茶叶质量监督检验中心、中国茶叶流通协会。

本标准主要起草人：翁昆、蔡良绥、潘德贵、林健、林有希、余步贵、黄礼灼、赵玉香、孙威江、张亚丽、蔡清平、邹新武、朱仲海。

本标准所代替标准的历次版本发布情况为：

——GB/T 22291—2008。

白　茶

1　范围

本标准规定了白茶的产品与实物标准样、要求、试验方法、检验规则、标志标签、包装、运输和贮存。

本标准适用于以茶树Camellia sinensis (Linnaeus.) O.Kuntze的芽、叶、嫩茎为原料，经萎凋、干燥、拣剔等特定工艺过程制成的白茶。

2　规范性引用文件

下列文件对于本文件的应用是必不可少的。凡是注日期的引用文件，仅注日期的版本适用于本文件。凡是不注日期的引用文件，其最新版本（包括所有的修改单）适用于本文件。

GB/T 191　包装储运图示标志

GB 2762　食品安全国家标准　食品中污染物限量

GB 2763　食品安全国家标准　食品中农药最大残留限量

GB 7718　食品安全国家标准　预包装食品标签通则

GB/T 8302　茶　取样

GB/T 8303　茶　磨碎试样的制备及其干物质含量测定

GB/T 8304　茶　水分测定

GB/T 8305　茶　水浸出物测定

GB/T 8306　茶　总灰分测定

GB/T 8311　茶　粉末和碎茶含量测定

GB/T 14487　茶叶感官审评术语

GB/T 23776　茶叶感官审评方法

GB/T 30375　茶叶贮存

GH/T 1070　茶叶包装通则

JJF 1070　定量包装商品净含量计量检验规则

定量包装商品计量监督管理办法　国家质量监督检验检疫总局令〔2005〕第75号

国家质量监督检验检疫总局关于修改《食品标识管理规定》的决定　国家质量监督检验检疫总局令〔2009〕第 123 号

3 术语和定义

GB/T 14487界定的以及下列术语和定义适用于本文件。

3.1

白毫银针 Baihaoyinzhen

以大白茶或水仙茶树品种的单芽为原料，经萎凋、干燥、拣剔等特定工艺过程制成的白茶产品。

3.2

白牡丹 Baimudan

以大白茶或水仙茶树品种的一芽一、二叶为原料，经萎凋、干燥、拣剔等特定工艺过程制成的白茶产品。

3.3

贡眉 Gongmei

以群体种茶树品种的嫩梢为原料，经萎凋、干燥、拣剔等特定工艺过程制成的白茶产品。

3.4

寿眉 Shoumei

以大白茶、水仙或群体种茶树品种的嫩梢或叶片为原料，经萎凋、干燥、拣剔等特定工艺过程制成的白茶产品。

4 产品与实物标准样

4.1 白茶根据茶树品种和原料要求的不同，分为白毫银针、白牡丹、贡眉、寿眉四种产品。

4.2 每种产品的每一等级均设实物标准样，每三年更换一次。

5 要求

5.1 基本要求

具有正常的色、香、味，不含有非茶类物质和添加剂，无异味，无异嗅，无劣变。

5.2 感官品质

5.2.1 白毫银针的感官品质应符合表1的规定。

表1 白毫银针的感官品质

级别	项目							
	外形				内质			
	条索	整碎	净度	色泽	香气	滋味	汤色	叶底
特级	芽针肥壮、茸毛厚	匀齐	洁净	银灰白富有光泽	清纯、毫香显露	清鲜醇爽、毫味足	浅杏黄、清澈明亮	肥壮、软嫩、明亮
一级	芽针秀长、茸毛略薄	较匀齐	洁净	银灰白	清纯、毫香显	鲜醇爽、毫味显	杏黄、清澈明亮	嫩匀明亮

5.2.2 白牡丹的感官品质应符合表2的规定。

表2 白牡丹的感官品质

级别	项目							
	外形				内质			
	条索	整碎	净度	色泽	香气	滋味	汤色	叶底
特级	毫心多肥壮、叶背多茸毛	匀整	洁净	灰绿润	鲜嫩、纯爽毫香显	清甜醇爽、毫味足	黄、清澈	芽心多、叶张肥嫩明亮
一级	毫心较显、尚壮、叶张嫩	尚匀整	较洁净	灰绿尚润	尚鲜嫩、纯爽有毫香	较清甜、醇爽	尚黄、清澈	芽心较多、叶张嫩、尚明
二级	毫心尚显、叶张尚嫩	尚匀	含少量黄绿片	尚灰绿	浓纯、略有毫香	尚清甜、醇厚	橙黄	有芽心、叶张尚嫩、稍有红张
三级	叶缘略卷、有平展叶、破张叶	欠匀	稍夹黄片腊片	灰绿稍暗	尚浓纯	尚厚	尚橙黄	叶张尚软有破张、红张稍多

5.2.3 贡眉的感官品质应符合表3的规定。

表3 贡眉的感官品质

级别	项目							
	外形				内质			
	条索	整碎	净度	色泽	香气	滋味	汤色	叶底
特级	叶态卷、有毫心	匀整	洁净	灰绿或墨绿	鲜嫩，有毫香	清甜醇爽	橙黄	有芽尖、叶张嫩亮
一级	叶态尚卷、毫尖尚显	较匀	较洁净	尚灰绿	鲜纯，有嫩香	醇厚尚爽	尚橙黄	稍有芽尖、叶张软尚亮
二级	叶态略卷稍展、有破张	尚匀	夹黄片铁板片少量腊片	灰绿稍暗、夹红	浓纯	浓厚	深黄	叶张较粗、稍摊、有红张
三级	叶张平展、破张多	欠匀	含鱼叶腊片较多	灰黄夹红稍葳	浓、稍粗	厚、稍粗	深黄微红	叶张粗杂、红张多

5.2.4 寿眉的感官品质应符合表4的规定。

表4 寿眉的感官品质

级别	项目							
	外形				内质			
	条索	整碎	净度	色泽	香气	滋味	汤色	叶底
一级	叶态尚紧卷	较匀	较洁净	尚灰绿	纯	醇厚尚爽	尚橙黄	稍有芽尖、叶张软尚亮
二级	叶态略卷稍展、有破张	尚匀	夹黄片铁板片少量腊片	灰绿稍暗、夹红	浓纯	浓厚	深黄	叶张较粗、稍摊、有红张

5.3 理化指标

理化指标应符合表5的规定。

表5 理化指标

项目		指标
水分（质量分数）/%	≤	8.5
总灰分（质量分数）/%	≤	6.5
粉末（质量分数）/%	≤	1.0
水浸出物（质量分数）/%	≥	30
注：粉末含量为白牡丹、贡眉和寿眉的指标		

5.4 卫生指标

5.4.1 污染物限量指标应符合GB 2762的规定。

5.4.2 农药残留限量指标应符合GB 2763的规定。

5.5 净含量

应符合《定量包装商品计量监督管理办法》的规定。

6 试验方法

6.1 感官品质

按GB/T 23776的规定执行。

6.2 理化指标

6.2.1 试样的制备按GB/T 8303的规定执行。

6.2.2 水分检验按GB/T 8304的规定执行。

6.2.3 总灰分检验按GB/T 8306的规定执行。

6.2.4 粉末检验按GB/T 8311的规定执行。

6.2.5 水浸出物检验按GB/T 8305的规定执行。

6.3 卫生指标

6.3.1 污染物限量检验按GB 2762的规定执行。

6.3.2 农药残留限量检验按GB 2763的规定执行。

6.4 净含量

按JJF 1070的规定执行。

7 检验规则

7.1 取样

7.1.1 取样以"批"为单位，同一批投料生产、同一班次加工过程中形成的独立数量的产品为一个批次，同批产品的品质和规格一致。

7.1.2 取样按GB/T 8302的规定执行。

7.2 检验

7.2.1 出厂检验

每批产品均应做出厂检验，经检验合格签发合格证后，方可出厂。出厂检验项目为感官品质、水分和净含量。

7.2.2 型式检验

型式检验项目为第5章要求中的全部项目，检验周期每年一次。有下列情况之一时，应进行型式检验：

a) 如原料有较大改变，可能影响产品质量时；

b) 出厂检验结果与上一次型式检验结果有较大出入时；

c) 国家法定质量监督机构提出型式检验要求时。

型式检验时，应按第5章要求全部进行检验。

7.3 判定规则

按第5章要求的项目，任一项不符合规定的产品均判为不合格产品。

7.4 复验

对检验结果有争议时，应对留存样或在同批产品中重新按GB/T 8302规定加倍取样进行不合格项目的复验，以复验结果为准。

8 标志标签、包装、运输和贮存

8.1 标志标签

产品的标志应符合GB/T 191的规定，标签应符合GB 7718和《国家质量监督检验检疫总局关于修改〈食品标识管理规定〉的决定》的规定。

8.2 包装

应符合GH/T 1070的规定。

8.3 运输

运输工具应清洁、干燥、无异味、无污染。运输时应有防雨、防潮、防晒措施。不得与有毒、有害、有异味、易污染的物品混装、混运。

8.4 贮存

应符合GB/T 30375的规定。产品可长期保存。

ICS 67.140.10

X 55

中华人民共和国国家标准

GB/T 31751—2015

紧 压 白 茶

Compressed white tea

2015-07-03发布　　　　　　　　　　　　2016-02-01实施

中华人民共和国国家质量监督检验检疫总局
中国国家标准化管理委员会 发布

前　言

本标准依据GB/T 1.1-2009给出的规则起草。

请注意本文件的某些内容可能涉及专利。本文件的发布机构不承担识别这些专利的责任。

本标准由中华全国供销合作总社提出。

本标准由全国茶叶标准化技术委员会（SAC/TC 339)归口。

本标准起草单位：福建省福鼎市质量计量检测所、中华全国供销合作总社杭州茶叶研究院、福建农林大学、福建品品香茶业有限公司、福建省天湖茶业有限公司、福建省天丰源茶业有限公司。

本标准主要起草人：潘德贵、蔡良绥、翁昆、孙威江、刘乾刚、蔡清平、耿宗钦、王传意、张亚丽。

紧 压 白 茶

1 范围

本标准规定了紧压白茶的定义、分类与实物标准样、要求、试验方法、检验规则、标签标志、包装、运输和贮存。

本标准适用于以白茶为原料，经整理、拼配、蒸压定型、干燥等工序制成的产品。

2 规范性引用文件

下列文件对于本文件的应用是必不可少的。凡是注日期的引用文件，仅注日期的版本适用于本文件。凡是不注日期的引用文件，其最新版本（包括所有的修改单）适用于本文件。

GB/T 191 包装储运图示标志

GB 2762 食品安全国家标准 食品中污染物限量

GB 2763 食品安全国家标准 食品中农药最大残留限量

GB 7718 食品安全国家标准 预包装食品标签通则

GB/T 8302 茶 取样

GB/T 8303 茶 磨碎试样的制备及其干物质含量测定

GB/T 8304 茶 水分测定

GB/T 8305 茶 水浸出物测定

GB/T 8306 茶 总灰分测定

GB/T 9833.1—2013 紧压茶 第1部分：花砖茶

GB/T 23776 茶叶感官审评方法

GB/T 30375 茶叶贮存

GH/T 1070 茶叶包装通则

JJF 1070 定量包装商品净含量计量检验规则

定量包装商品计量监督管理办法（国家质量监督检验检疫总局（2005）第75号令）

3 术语和定义

下列术语和定义适用于本文件。

3.1

紧压白茶 Compressed white tea

以白茶（白毫银针、白牡丹、贡眉、寿眉）为原料，经整理、拼配、蒸压定型、干燥等工序制成的产品。

4 分类与实物标准样

4.1 紧压白茶根据原料要求的不同，分为紧压白毫银针、紧压白牡丹、紧压贡眉和紧压寿眉四种产品。

4.2 每种产品均不分等级，实物标准样为每种产品品质的最低界限，每五年更换一次。

5 要求

5.1 基本要求

5.1.1 具有正常的色、香、味，无异味、无异嗅、无霉变、无劣变。

5.1.2 不含非茶类物质，不着色、无任何添加剂。

5.2 感官品质

感官品质应符合表1的要求。

表1 紧压白茶感官品质要求

产品	外形	内质			
		香气	滋味	汤色	叶底
紧压白毫银针	外形端正匀称、松紧适度、表面平整、无脱层、不洒面；色泽灰白，显毫	清纯、显毫香	浓醇、毫味显	杏黄明亮	肥厚软嫩
紧压白牡丹	外形端正匀称、松紧适度、表面较平整、无脱层、不洒面；色泽灰绿或灰黄，带毫	浓纯，有毫香	醇厚、有毫香	橙黄明亮	软嫩
紧压贡眉	外形端正匀称、松紧适度、表面较平整；色泽灰黄夹红	浓纯	浓厚	深黄或微红	软尚嫩、带红张
紧压寿眉	外形端正匀称、松紧适度、表面较平整；色泽灰褐	浓、稍粗	厚、稍粗	深黄或泛红	略粗、有破张、带泛红叶

5.3 理化指标

理化指标应符合表2的规定。

表2 理化指标

项目	紧压白毫银针	紧压白牡丹	紧压贡眉	紧压寿眉
水分（质量分数）/%	≤ 8.5			
总灰分（质量分数）/%	≤ 6.5			≤ 7.0
茶梗（质量分数）/%	不得检出		≤ 2.0	≤ 4.0
水浸出物（质量分数）/%	≥ 36.0	≥ 34.0		≥ 32.0
注：茶梗指木质化的茶树麻梗、红梗、白梗，不包括节间嫩茎。				

5.4 卫生指标

5.4.1 污染物限量应符合GB 2762的规定。

5.4.2 农药残留限量应符合GB 2763的规定。

5.5 净含量

应符合《定量包装商品计量监督管理办法》的规定。

6 试验方法

6.1 感官品质

感官品质检验按GB/T 23776的规定执行。

6.2 理化指标

6.2.1 试样的制备按GB/T 8303的规定执行。

6.2.2 水分检验按GB/T 8304的规定执行。

6.2.3 总灰分检验按GB/T 8306的规定执行。

6.2.4 茶梗检验按GB/T 9833.1—2013附录A的规定执行。

6.2.5 水浸出物检验按GB/T 8305的规定执行。

6.3 卫生指标

6.3.1 污染物限量检验按GB 2762的规定执行。

6.3.2 农药残留量检验按GB 2763的规定执行。

6.4 净含量

净含量检验按JJF 1070的规定执行。

7 检验规则

7.1 取样

7.1.1 取样以"批"为单位，同一批投料生产、同一班次加工过程中形成的独立数量的产品为一个批次，同批产品的品质和规格一致。

7.1.2 取样按GB/T 8302的规定执行。

7.2 检验

7.2.1 出厂检验

每批产品均应做到出厂检验，经检验合格签发合格证后，方可出厂。出厂检验项目为感官品质、水分、茶梗和净含量。

7.2.2 型式检验

型式检验项目为本标准第5章要求中的全部项目，检验周期每年一次。有下列情况之一时，应进行型式检验：

a) 如原料有较大改变，可能影响产品质量时；

b) 出厂检验结果与上一次型式检验结果有较大出入时；

c) 国家法定质量监督机构提出型式检验要求时。

型式检验时，应按第5章要求全部进行检验。

7.3 判定规则

按第5章要求的项目，任一项不符合规定的产品均判为不合格产品。

7.4 复检

对检验结果有争议时，应对留存样或在同批产品中重新按GB/T 8302 规定加倍取样进行不合格项目的复检，以复检结果为准。

8 标签标志、包装、运输和贮存

8.1 标签标志

产品的标签应符合GB 7718 的规定，包装贮运图示标志应符合GB/T 191 的规定。

8.2 包装

应符合GH/T 1070 的规定。

8.3 运输

运输工具应清洁、干燥、无异味、无污染。运输时应有防雨、防潮、防曝晒措施。不得与有毒、有害、有异味、易污染的物品混装、混运。

8.4 贮存

应符合GB/T 30375的规定。